Marwane Ayaida

Communications Intra-Véhiculaires et Inter-Véhiculaires

Marwane Ayaida

Communications Intra-Véhiculaires et Inter-Véhiculaires

De l'Interopérabilité des Communications au sein des Véhicules à la Communication sans Fil entre les Véhicules

Presses Académiques Francophones

Impressum / Mentions légales
Bibliografische Information der Deutschen Nationalbibliothek: Die Deutsche Nationalbibliothek verzeichnet diese Publikation in der Deutschen Nationalbibliografie; detaillierte bibliografische Daten sind im Internet über http://dnb.d-nb.de abrufbar.
Alle in diesem Buch genannten Marken und Produktnamen unterliegen warenzeichen-, marken- oder patentrechtlichem Schutz bzw. sind Warenzeichen oder eingetragene Warenzeichen der jeweiligen Inhaber. Die Wiedergabe von Marken, Produktnamen, Gebrauchsnamen, Handelsnamen, Warenbezeichnungen u.s.w. in diesem Werk berechtigt auch ohne besondere Kennzeichnung nicht zu der Annahme, dass solche Namen im Sinne der Warenzeichen- und Markenschutzgesetzgebung als frei zu betrachten wären und daher von jedermann benutzt werden dürften.

Information bibliographique publiée par la Deutsche Nationalbibliothek: La Deutsche Nationalbibliothek inscrit cette publication à la Deutsche Nationalbibliografie; des données bibliographiques détaillées sont disponibles sur internet à l'adresse http://dnb.d-nb.de.
Toutes marques et noms de produits mentionnés dans ce livre demeurent sous la protection des marques, des marques déposées et des brevets, et sont des marques ou des marques déposées de leurs détenteurs respectifs. L'utilisation des marques, noms de produits, noms communs, noms commerciaux, descriptions de produits, etc, même sans qu'ils soient mentionnés de façon particulière dans ce livre ne signifie en aucune façon que ces noms peuvent être utilisés sans restriction à l'égard de la législation pour la protection des marques et des marques déposées et pourraient donc être utilisés par quiconque.

Coverbild / Photo de couverture: www.ingimage.com

Verlag / Editeur:
Presses Académiques Francophones
ist ein Imprint der / est une marque déposée de
AV Akademikerverlag GmbH & Co. KG
Heinrich-Böcking-Str. 6-8, 66121 Saarbrücken, Deutschland / Allemagne
Email: info@presses-academiques.com

Herstellung: siehe letzte Seite /
Impression: voir la dernière page
ISBN: 978-3-8381-7967-4

Copyright / Droit d'auteur © 2013 AV Akademikerverlag GmbH & Co. KG
Alle Rechte vorbehalten. / Tous droits réservés. Saarbrücken 2013

*À mes Parents, mon Épouse et ma Fille,
sans lesquels rien n'aurait été possible.*

*Ce livre est aussi dédicacé à toute ma
famille qui ont toujours été là pour moi.*

Résumé

Les véhicules modernes sont équipés de périphériques permettant d'automatiser des tâches (changement de vitesse de transmission, régulation de vitesse, etc.) ou de fournir des services à l'utilisateur (aide à la conduite, détection d'obstacles, etc.). Les communications entre les véhicules permettent d'élargir ces services grâce à la collaboration de plusieurs véhicules (prévention des accidents, gestion du trafic routier, etc.). La multiplication de ces périphériques, de leurs interfaces et protocoles rend l'échange de données plus complexe. Par ailleurs, la communication inter-véhicules est plus contraignante à cause de la haute mobilité des véhicules.

Dans ce livre, nous proposons la conception d'un canal de communication **Connect to All (C2A)** qui permet d'assurer l'interopérabilité entre les périphériques embarqués dans un véhicule. En effet, il détecte la connexion à chaud d'un équipement, le reconnaît et lui permet d'échanger des données avec les autres périphériques connectés. La conception du canal commence par la modélisation de ce canal en utilisant deux techniques différentes (l'outil de modélisation et de vérification *UPPAAL* et le *Langage de Description et de Spécification (LDS)*). La vérification des modèles proposés a pour but de valider le fonctionnement. Ensuite, nous détaillons une implémentation réelle du canal sur une carte embarquée qui vise à démontrer la faisabilité du concept d'interopérabilité de C2A.

Nous avons aussi étudié les effets de la mobilité dans la communication inter-véhiculaires grâce à une approche hybride mixant le routage et un service de localisation. Cette approche offre un mécanisme qui permet de réduire les coûts de la localisation des véhicules tout en augmentant les performances de routage. En plus, nous comparons deux applications de cette approche : *Hybrid Routing and Grid Location Service (HRGLS)* et *Hybrid Routing and Hierarchical Location Service (HRHLS)* avec des approches originelles pour démontrer la valeur ajoutée. Cette approche est enrichie avec un algorithme de prédiction de mobilité. Ce dernier permet de mieux cerner le déplacement des véhicules en les estimant. De même, l'approche hybride avec prédiction de mobilité *Predictive Hybrid Routing and Hierarchical Location Service (PHRHLS)* est comparée à HRHLS et l'approche orginelle afin de révéler les bénéfices de la prédiction de mobilité.

Mots-clés – Communication ; Modèles Formels ; Protocoles de Routage ; Réseaux sans Fil ; Services de Localisation ; Simulation ; Standards ; Systèmes de Transport Intelligents ; Systèmes Embarqués ; VANETs ; Vérification.

Remerciments

Je tiens à exprimer ma sincère gratitude au Professeur Lissan-eddine Afilal qui m'a donné l'opportunité de travailler sur ce sujet motivant. Je tiens également à le remercier pour son soutien constant au cours de ces travaux.

Je suis également reconnaissant au Professeur Hacène Fouchal, pour sa constante disponibilité et de m'avoir aider quand j'étais perdue. Je tiens à lui exprimer ma profonde gratitude pour ses conseils éclairants.

Je suis reconnaissant au Professeur Véronique Vèque, au Professeur François Spies et ainsi qu'au Professeur Sidi Mohammed Senouci pour avoir accepté d'examiner mes travaux. Je voudrais également exprimer ma profonde gratitude au Professeur Olivier H. Roux, au Professeur André-Luc Beylot et à Mr. Jean-Marc Blosseville pour avoir accepté d'évaluer mon travail.

Je tiens également à remercier le Dr. Yacine Ghamri-Doudane, pour notre collaboration fructueuse sur les réseaux ad-hoc véhiculaires.

Un grand merci à mes collègues Haytem El Mehraz, pour son aide lorsque l'on a travaillé sur la modélisation de l'interopérabilité, et Mohtadi Barhoumi pour son soutien dans les développements des simulations NS-2 et des suggestions sur ce livre.

En outre, un grand merci à tous mes collègues, les membres des personnels, parmi lesquels le Professeur Janan Zaytoon, le professeur Noureddine Manamanni, le professeur Bernard Riera, Dr. Nadhir Messai, Dr. Said Moughamir, Fabien Bradmetz, Kheira Slah-Ould Omar, Ida Lenclume, Sylvie Kokil, Bruno Grouiez, Romuald Ledru, et bien d'autres au laboratoire du CReSTIC pour les moments agréables que j'ai passé pendant ces trois dernières années.

Ma gratitude spéciale est à ma bien-aimée mère Rachida, mon père Hedi, ma chère et tendre épouse Wafa, ma douce fille Lina, mon frère et mes soeurs pour leur amours, leur soutiens et leur encouragements constants.

Enfin, je voudrais offrir tout mon respect à tous ceux qui m'ont soutenu durant toutes mes études.
Bonne lecture !

Marwane Ayaida

Table des matières

Résumé   iii

Remerciments   v

Tables des Matieres   viii

Listes des Tables   viii

Liste des Figures   ix

1 Introduction   **1**
    1.1 Motivations et objectifs 2
    1.2 Challenges 2
    1.3 Contributions 3
    1.4 Plan du Livre 5

2 Communication Intra-Véhicule   **7**
    2.1 Généralités sur l'interopérabilité 8
       2.1.1 Contexte 8
       2.1.2 Définitions 9
    2.2 C2A : Le Canal Intelligent pour l'Interopérabilité 11
       2.2.1 Modélisation du Canal C2A 14
       2.2.2 L'implémentation du Système C2A 18

3 Communication Inter-Véhicules   **23**
    3.1 Comparaison des Services de Localisation 29
       3.1.1 Etude de Mise à l'échelle 29
       3.1.2 Comparaison Expérimentale 30
    3.2 Routage et Localisation Conjoints dans les Réseaux VANETs : Nouvelles Approches 32
       3.2.1 L'Approche Hybride Simple 32
       3.2.2 L'Approche Hybride avec Prédiction de Mobilité 36

4 Conclusion et Travaux Futures — 39
4.1 Conclusion des Travaux — 39
4.2 Travaux Futures — 42

A Présentation du Projet C2A — 45
A.1 Projet CONNECT TO ALL (C2A) — 45
A.2 Partenaires du projet — 46
A.3 Contacts — 47

B Description de la Procédure des Simulations NS-2 — 49
B.1 Environnement Matériel — 49
B.1.1 Environnement Matériel pour les Développements — 49
B.1.2 Environnement Matériel pour l'Exécution — 50
B.2 Environnement Logiciel — 51
B.2.1 Génération des Mouvements des Véhicules — 51
B.2.2 Génération de Trafic Réseau — 54
B.2.3 Exécution des Simulations NS-2 — 56
B.2.4 Evaluations des Traces des Simulations — 57
B.2.5 Exécution des Simulations NS-2 sur le supercalculateur ROMEO — 58

Liste des Abréviations — 61

Index — 63

Liste des Publications — 65

Bibliographie — 67

Liste des tableaux

2.1 Comparaison des méthodes UPPAAL et LDS 19

3.1 Résumé des Protocoles de Routage 27
3.2 Résumé de l'Etude de Scalabilité 33

A.1 Fiche du projet C2A 45

B.1 Environnement Matériel pour le Développement 50
B.2 Environnement Matériel pour l'Exécution 51

Table des figures

2.1	Schéma du tunnel C2A	9
2.2	Niveaux d'interopérabilité	10
2.3	Modélisation du tunnel C2A	13
2.4	Machine d'états d'un périphérique de communication	14
2.5	Machine d'états du processus Identification	15
2.6	Modélisation LDS du processus Identification	17
2.7	Exemple d'un MSC dans LDS	18
2.8	Fonctionnement du démonstrateur C2A	20
3.1	Phase de Découverte dans DSR	26
3.2	Partition Hiérarchique du Réseau	28
3.3	Evaluation des Services de Localisation	31
3.4	Statistiques de la Localisation pour GLS/HLS et HRGLS/HRHLS : Bande passante MAC	34
3.5	Statistiques de la Localisation pour GLS/HLS et HRGLS/HRHLS : Taux de Requêtes Répondues (TRR)	35
3.6	Statistiques du Routage pour GLS/HLS et HRGLS/HRHLS	36
3.7	Statistiques du Routage pour HLS et HRHLS/PHRHLS	38
B.1	Aperçu de l'Outil Citymob for Roadmaps (C4R)	52
B.2	Aperçu de l'Outil Simulation of Urban MObility (SUMO)	53
B.3	Aperçu de l'Outil Network ANimator (NAM)	57

CHAPITRE 1

Introduction

Contents

   1.1 Motivations et objectifs 2
   1.2 Challenges 2
   1.3 Contributions 3
   1.4 Plan du Livre 5

Depuis l'âge des temps, communiquer et se faire comprendre était une tâche très importante pour l'homme. Ce dernier a mis en place des moyens plus ou moins avancés afin de transmettre la parole et surtout les informations d'un endroit à un autre. Ces moyens allaient des plus primitifs comme la parole ou le langage des signes pour les courtes distances, aux tambours ou signaux de fumée pour les moyennes distances et aux pigeons voyageurs ou courriers postaux pour les longues distances. Depuis, les premières *Technologies de l'Information et de la Communication (TIC)*, telles que le *Télégraphe* (1794) ou le *Téléphone* (1876), ont fait leur apparition. Ces technologies ont permis d'accélérer le transfert de l'information et elles ont été un élément crucial dans l'avancée technologique qui a suivie. Ensuite, ces technologies ont vu l'émérgence de nouveaux types de communications tels que l'*Internet* (1965) et les *Réseaux sans Fils* (la *Téléphonie Mobile* 1976). Ces derniers ont permis l'automatisation de l'échange et le transfert en temps réel vers des destinations lointaines. Toutes ces avancées ont permis de faire rentrer les TIC dans nos vies de tout les jours. Elles ont influencé nos habitudes dans les sociétés modernes, jusqu'à modifier notre façon de nous déplacer. En effet, les *Systèmes de Transport Intelligents (STI)* désignent les applications des nouvelles technologies de l'information et de la communication au domaine des transports. Ces systèmes visent à faire du véhicule de transport un moyen de transport sûr, confortable et plus respectueux pour l'environnement. Leurs applications sont diverses : le télépéage, la gestion du trafic routier, l'aide à la conduite, la gestion des flottes, etc.

1.1 Motivations et objectifs

Le véhicule dans les STI est considéré comme un ensemble d'éléments interconnectés. Ces éléments peuvent être des capteurs embarqués pour la mesure de la température, la vitesse, la distance entre les véhicules, etc. Ils peuvent être aussi, des microcontrôleurs ou même des microprocesseurs capables de traiter les informations issues des capteurs et ainsi permettre au véhicule de réagir aux évènements inattendus. Il existe aussi des systèmes de géolocalisation pour l'aide à la navigation ou le suivi de flottes. Tous ces équipements sont embarqués dans un véhicule et doivent communiquer et échanger des données afin de garantir la sécurité des passagers ainsi que l'efficacité et la fluidité du trafic routier. De plus, on se dirige vers un nouveau concept coopératif global dans les STI avec les *Véhicules Connectés*, où les véhicules ne sont plus envisagés comme simples consommateurs des télécommunications mais aussi comme participants autant que des noeuds mobiles du réseau. En effet, les véhicules du future seraient équipés de modules de communications sans fil (3G, LTE, 802.11p, etc.) afin d'intéragir avec l'infrastructure routière (feux de circulation, panneaux électroniques de signalisation, bornes de bord de routes, etc.) ou d'être reliés entre eux. Ce concept permet d'accroître la sécurité en réduisant le nombre d'accidents à travers une gestion coopérative de la mobilité. L'intéraction Véhicule-Infrastructure permet aussi une adaptation en temps réel du trafic routier en fonction du débit de circulation des voitures afin de réduire la congestion du trafic dans les villes aux heures de surcharge. Ce qui ferait gagner du temps de parcours et donc des économies de carburant et surtout d'émission de gaz à effet de serre. De plus, le voyage serait plus agréable car le passager serait capable de rester en contact avec l'extérieur et de se connecter à Internet dans son véhicule.

Ce travail vise à faciliter et organiser la communication au sein du véhicule entre les différents équipements embarqués. En outre, il a pour but de maîtriser les effets de la mobilité sur la communication entre les véhicules.

1.2 Challenges

Les périphériques embarqués dans le véhicule remplissent diverses fonctions telles que le suivi de l'état du véhicule, sa position, l'état du conducteur, l'état des marchandises, etc. Tous ces équipements communiquent et échangent ces informations via divers médias et protocoles comme le Controller Area Network (CAN) / Fleet Management System (FMS), Universal Serial Bus (USB), 3G, etc. Ces protocoles ne sont pas toujours compatibles et on a besoin souvent de développer des ponts (transceivers) entre protocoles afin que

1.3. Contributions

ces périphériques puissent communiquer et échanger des informations. Cette communication même si elle n'est pas obligatoire favoriserait la création de nouveaux services à l'utilisateur (chauffeur, gérant de parc de véhicules, mécanicien réparateur automobiles, policier, douanier, etc.). Elle permettrait aussi une rationalisation des ressources matérielles et logicielles grâce à la réutilisation de l'éxistant.

En ce qui concerne les *Communications Inter-Véhiculaires*, ceux-ci ont connu un réel essor ces dix dernières années auprès des scientifiques, des gouvernements et des indistruels de l'automobile. Cet engouement a donné un nombre incalculabe de travaux de recherches dans ce domaine [1, 2, 3, 4, 5, 6, 7, 8, 9, 10, 11, 12]. Le plus grand challenge de ces réseaux est la haute mobilité des nœuds, en particulier dans les *Communications Véhicule à Véhicule (V2V)*. En effet, chaque nœud correspond à un véhicule en mouvement. Ce mouvement peut se faire à très haute vitesse avec des changements de directions imprévisibles. Par conséquent, des liens entre véhicules peuvent se former et être rompus rapidement. Ceci engendre des changements de topologie constants et incessants. Devant ces caractéristiques très spécifiques, les protocoles de routage distribués classiques comme les *Protocoles de Routage Topologiques* ont très vite montré leurs limites. Puisqu'ils sont basés sur la topologie du réseau, celle ci doit être construite en continu au grès des déplacements des véhicules. Ainsi, les *Protocoles de Routage Géographiques* ont été préférés car ils s'adaptent mieux aux réseaux à larges échelles dynamiques. Le routage des données est basé sur la position géographique du nœud destination dans le réseau. Ainsi, le paquet de donnée est transmis de proche en proche jusqu'à atteindre la position de la destination, cette approche est appelée l'*Approche Gloutonne*. Le principal inconvénient de ces protocoles est qu'ils ont besoin d'avoir à disposition la localisation exacte d'un autre nœud à tout moment. Ces positions sont indiquées et maintenues par les *Services de Localisation*. Ces services sont responsables de la sauvegarde des positions des autres nœuds et surtout permettent de savoir où se trouve un nœud particulier s'il y a besoin de lui envoyer des paquets de données. Malgré que les *Protocoles de Routage Géographiques* avec les *Services de Localisation* soient plus efficaces que les *Protocoles de Routage Topologiques*, ils restent néanmoins très sensibles à la mobilité et leurs performances sont affectées par cette dernière.

1.3 Contributions

Notre principale contribution dans la *Communication Intra-Véhiculaire* est d'avoir proposer un canal intelligent pour la communication et l'intéropérabilité. Ce canal, nommé **Connect to All (C2A)**, permet de détecter les périphériques dès leurs connexions. Une fois la connexion détectée, C2A tente de reconnaître le type d'équipement dont il s'agit. Ensuite, il lui permet de communiquer et d'échanger des informations en provenance des autres périphériques aux quelles ils n'avaient pas accès auparavant. Ce mécanisme permet au système C2A de proposer des services innovants et d'interconnecter des équipements qui n'ont pas été conçus pour intéragir. A la suite de chaque nouvelle connexion, le système s'adapte afin de prendre en charge le périphérique connecté et il propose automatiquement à l'utilisateur des services associés. Ces derniers peuvent être paramétré à distance par l'utilisateur avec une clé USB ou une connexion avec une tablette tactile Bluetooth. Ainsi, l'utilisateur peut profiter au maximum de l'interaction entre les différents équipements.

Le canal C2A est ensuite modélisé avant d'être dévéloppé. Ceci a pour but de prendre en compte toutes les possibilités et surtout de vérifier que le modèle C2A garantisse l'intéropérabilité de bout-en-bout. Ce modèle a été testé et vérifié à l'aide de deux techniques complémentaires. La première technique consiste à utiliser l'outil *UPPAAL* qui est un environnement intégré de modélisation et de vérification des systèmes temps réel modélisés sous forme machine d'états finis. Il a permis de vérifier la bonne synchronisation entre les différents processus grâce à la vérification formelle des propriétés. Plusieurs propriétés critiques ont été vérifiées et validées. La deuxième technique a eu recours au *Langage de Description et de Spécification (LDS)* qui est un langage de description standard. Il permet de vérifier le bon fonctionnement des systèmes. Ces systèmes sont modélisés de manière formelle, c'est-à-dire de manière complète et non ambiguë. Ces vérifications ont permis de confirmer la validité de notre concept et de lancer l'étape de développement. Un démostrateur C2A a ainsi vu le jour. Ce démostrateur prenant en charge un nombre limité de périphériques (Clé USB, module Global Positioning System (GPS), module General Packet Radio Service (GPRS), Simulateur de trames CAN / FMS), a démontré que le concept C2A pouvait assurer une intéropérabilité complète entre ces périphériques.

Pour la *Communication Inter-Véhiculaire*, nos contributions sont multiples. Tout d'abord, on a proposé une classification des principaux *Protocoles de Routage Topologiques et Géographiques* ainsi que des *Services de Localisation*. De plus, on a présenté une comparaison des *Services de Localisation*. Cette comparaison est basée sur une étude théorique de la scalabilité (mise à l'échelle) des coûts de la localisation. De plus, une comparaison expérimentale basée sur les coûts et les performances de la localisation confirme les résultats de l'étude théorique. Ce résultat est le fait que les services hiérarchiques sont les plus performants, et plus précisémment le service *Hierarchical Location Service (HLS)* est le plus robuste et le plus rapide. Ensuite, on s'est intéressé à l'effet de la mobilité sur les performances du routage et de la localisation. En effet, la mobilité affecte particulièrement ces performances, et les experimentations conduites nous ont confirmées cela. En se basant sur les comparaisons théorique et expérimentale des *Services de Localisation*, nous avons proposé deux approches combinées entre le routage et la localisation qui soient peu sensibles à la mobilité. Ces derniers sont appelées *Hybrid Routing and Hierarchical Location Service (HRHLS)* et *Hybrid Routing and Grid Location Service (HR-GLS)*. Ces approches ont démontré que combiner le routage et la localisation ne permettait pas seulement de réduire le coût de la localisation, mais aussi d'améliorer les performances du routage. Finalement, l'approche *Predictive Hybrid Routing and Hierarchical Location Service (PHRHLS)* est présentée. Cette approche ajoute à la combinaison un mécanisme de prédiction de mobilité. Cette dernière si elle est prédite, ses effets peuvent être contrôlés et gérés. Ceci a été prouvé grâce à des comparaisons réalisées à l'aide de simulations.

1.4 Plan du Livre

Ce livre se décompose principalement en deux parties. La première partie se concentre sur la *Communication Intra-Véhiculaire*. Le premier chapitre de cette partie présente le contexte de notre travail sur l'interopérabilité. De plus, il donne les différentes définitions de l'interopérabilité ainsi que de ses quatre niveaux. Le deuxième chapitre décrit le modèle du système **C2A**. Il détaille aussi les méthodes de vérification du modèle *UPPAAL* et *LDS* et l'implémentation du démonstrateur C2A.

La seconde partie s'intéresse à la *Communication Inter-Véhiculaire*. Le premier chapitre présente une vision générale des réseaux véhiculaires. Il propose une classification des protocoles de routage avec ou sans prédiction de mobilité ainsi que des services de localisation. Le deuxième chapitre présente une comparaison théorique et expérimentale des services de localisation. Le dernier chapitre met en évidence l'approche hybride simple qui combine le routage et la localisation. Il démontre que cette approche permet de réduire le coût de la localisation tout en améliorant les performances du routage. Il introduit aussi l'approche hybride avec prédiction de mobilité. Il révèle enfin que cette dernière permet d'améliorer encore plus les performances du réseau.

CHAPITRE 2

Communication Intra-Véhicule

Contents

   2.1 Généralités sur l'interopérabilité 8
      2.1.1 Contexte 8
      2.1.2 Définitions 9
   2.2 C2A : Le Canal Intelligent pour l'Interopérabilité . . 11
      2.2.1 Modélisation du Canal C2A 14
            Modélisation UPPAAL 14
            Modélisation LDS 16
            Comparaison des Méthodes de Vérification UPPAAL et
            LDS 17
      2.2.2 L'implémentation du Système C2A 18

Le secteur du transport et de la logistique a connu un développement important avec les nouvelles technologies de l'information et de la communication durant les dernières années. Ainsi, au sein de l'habitacle d'un véhicule de transport routier, les équipements embarqués sont de plus en plus nombreux et variés. En plus des périphériques imposés par la loi comme le tachygraphe numérique, nous trouvons des systèmes de communication radio, de localisation, et une variété d'outils et d'équipements utilisés par les opérateurs qui interviennent sur ces véhicules. Ces outils et accessoires permettent d'automatiser des processus, d'améliorer la sécurité et d'accélérer la circulation de l'information. Cependant, cette multiplicité est loin d'être exploitée de manière optimale : les équipements ne communiquent souvent qu'avec un alter ego via des interfaces matérielles et logicielles dédiées. Cela a pour conséquence une redondance de fonctionnalités, de services, et une sous utilisation des ressources matérielles et logicielles déployées.

Pour une communication performante et sûre, ces systèmes doivent être compatibles pour satisfaire une interopérabilité significative de bout-en-bout. En échangeant des données, ils doivent aussi les interpréter et les traiter d'une façon transparente et commune. S'il existe aujourd'hui des standards, ils restent insuffisants [13].

Pour répondre à cette problématique, la solution envisagée dans le cadre du projet *Connect to All (C2A)* est de centraliser cette communication dans un canal intelligent et évolutif, capable de reconnaître les périphériques connectés ou déconnectés en cours de fonctionnement et de s'adapter pour offrir automatiquement des services à l'utilisateur. Il s'agit de tirer profit de la communication entre les périphériques et des interactions mutuelles pour optimiser les services existants et en offrir d'autres.

2.1 Généralités sur l'interopérabilité

2.1.1 Contexte

Les technologies de la communication dans le domaine du transport sont en progrès continu. Plusieurs appareils sont embarqués dans le véhicule pour la transmission des informations (Bus Controller Area Network (CAN), capteurs, etc.), la gestion de flotte (module Global Positioning System (GPS), module General Packet Radio Service (GPRS), module Global System for Mobile (GSM), etc.), ou la sécurité (commande vocale de l'ordinateur de bord, caméras embarqués dans la cabine, etc.). Ces différents périphériques ont besoin de communiquer et d'échanger des données. Cette communication est de plus en plus complexe à cause de la différence entre les protocoles et des interfaces utilisés. Pour réduire le gaspillage des ressources (matérielles et logicielles) et optimiser la communication, le projet C2A (Connect to All : projet européen Interreg IV-A de coopération transfrontalière "France- Wallonie" : www.c2a-project.eu) propose de centraliser la communication dans un seul et unique canal intelligent. Ce canal doit être capable de reconnaitre un appareil dès sa connexion, et surtout, de lui permettre de communiquer et d'échanger des informations en se basant sur une liste de services (gestion de flottes, accès aux informations de la carte conducteur, etc.). Ce projet a pour but d'optimiser la communication entre les périphériques embarqués et d'assurer une meilleure circulation de l'information à l'intérieur et à l'extérieur du véhicule du transport. Le système devrait fournir aux gestionnaires de flottes les moyens d'utiliser une information pertinente pour créer de nouveaux services.

Ce système basé sur un brevet [14] déposé dans le cadre du projet C2A, doit donc permettre la détection et la reconnaissance des périphériques ainsi que les échanges entre les appareils, afin de proposer automatiquement de nouveaux services à l'utilisateur et mettre à disposition des développeurs d'applications tiers les informations sur l'état du conducteur, du véhicule et des marchandises (Figure 2.1).

2.1. Généralités sur l'interopérabilité

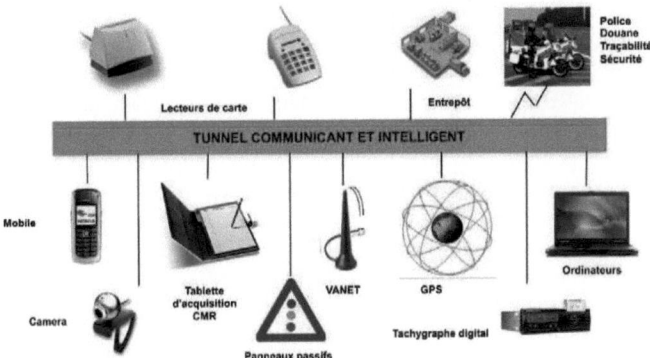

FIGURE 2.1 – Schéma du tunnel communiquant C2A

2.1.2 Définitions

Pour permettre aux périphériques hétérogènes embarqués dans un véhicule de transport d'échanger des données, il faut assurer la compatibilité matérielle et logicielle entre les différents systèmes. Pour éviter qu'un acteur devienne dominant ou impose un standard particulier, il est nécessaire de mettre en place un standard ouvert pour permettre aux différents systèmes d'être interopérables sans dépendre d'un acteur particulier. Le concept de *l'interopérabilité* peut prendre différentes interprétations en fonction du domaine et du contexte. La Institute of Electrical and Electronics Engineers (IEEE) propose quatre définitions différentes relatives à ce terme [15] :

- Définition 1 : La capacité de deux ou plusieurs systèmes ou éléments d'échanger des informations et à utiliser ce qui a été échangé.
- Définition 2 : La capacité des unités d'équipements à travailler ensemble pour effectuer des fonctions utiles.
- Définition 3 : La capacité, promise mais pas garantie par la conformité conjointe avec un ensemble donné de normes, qui permet aux équipements hétérogènes, généralement construits par divers fournisseurs, à travailler ensemble dans un environnement réseau.
- Définition 4 : La capacité de deux ou plusieurs systèmes ou composants à échanger l'information dans un réseau hétérogène et d'utiliser cette information.

Toutes ces définitions insistent sur la capacité d'échange d'informations entre les équipements hétérogènes et l'utilisation de ces informations échangées. Actuellement, dans le domaine du transport il y a un véritable besoin d'optimisation. En effet, les systèmes embarqués doivent non seulement permettre d'échanger des données entre des équipements hétérogènes (périphériques de différents fabricants réalisant différentes fonctions), mais aussi, interpréter les données échangées (informations concernant l'état du véhicule) et interagir pour l'exécution conjointe de tâches (archivage des données, notification vers un serveur, etc.) afin de fournir des services (gestion de flotte, sécurité de la marchandise transportée, etc.) à l'utilisateur final (conducteur, technicien de maintenance, police, douane, etc.). Sur le marché, il existe une multitude de systèmes qui traitent les informations présentes à bord des camions pour les transmettre aux infrastructures de suivi. Ces systèmes sont conçus à base d'architectures propres au fabricant, rendant l'échange de données entre les systèmes complexe, voir impossible.

Pour mettre en place une solution qui assure l'interopérabilité de bout-en-bout, nous proposons une structuration en quatre niveaux distincts [16] adaptée au degré d'interaction souhaité (Figure 2.2).

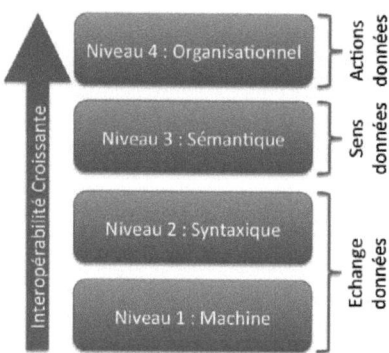

FIGURE 2.2 – Les quatre niveaux d'interopérabilité

Le premier niveau *Machine*, le plus bas et le plus simple à satisfaire, inclut la définition des protocoles ainsi que les interfaces utilisées. Le deuxième niveau *Syntaxique* s'intéresse aux formats et structures des données à échanger par les programmes de haut niveau qui doivent savoir quels paramètres passer et dans quel ordre. Le niveau *Sémantique* impose une interprétation commune et homogène de la donnée échangée nécessitant un paramétrage et/ou l'intervention de l'utilisateur. Le dernier niveau est le niveau *Organisationnel*, à ce niveau tous les systèmes hétérogènes sont capables d'interagir et d'utiliser les données échangées pour des traitements appropriés.

Ainsi, l'interopérabilité ne s'arrête pas à l'échange d'informations binaires, elle doit aussi donner une signification intrinsèque à ce qui est échangé. Les standards en général interviennent sur les deux premiers niveaux pour permettre le transfert, mais ils négligent la sémantique et les traitements, ce qui conduit souvent à des problèmes d'interprétation. L'interopérabilité de bout-en-bout entre ces standards nécessite en plus un paramétrage (interprétation humaine) pour garantir un traitement adéquat des informations par des systèmes hétérogènes.

2.2 C2A : Le Canal Intelligent pour l'Interopérabilité

Dans les véhicules modernes de transport, il existe plusieurs appareils embarqués (module GPS, tachygraphe, module GPRS, etc.) avec des fonctionnalités différentes. Ces périphériques communiquent grâce à divers médias et protocoles. Ils doivent échanger des informations utiles sur l'état du conducteur, du véhicule et de la marchandise. Les limites des protocoles existants empêchent l'interopérabilité significative de bout-en-bout.

Trois catégories d'informations intéressent les transporteurs :
- L'état du conducteur et sa sécurité : Ces informations concernent l'identification du conducteur, le temps de conduite et d'activités. Les données sont issues ou transmises de/par des périphériques comme le chronotachygraphe, le téléphone GSM, le détecteur de fumée, l'éthylotest anti-démarrage, les dispositifs de surveillance (caméra, capteurs, etc.).
- L'état du véhicule et son environnement : Les données comme la vitesse, la position, l'état des roues et du moteur sont échangées par des périphériques comme l'ordinateur de bord, le Bus CAN / Fleet Management System (FMS) [1] ou les systèmes de géolocalisation et navigation tels qu'un module GPS, ou un module GPRS, etc.
- L'état de la marchandise : Pour surveiller l'état de la marchandise transportée, il existe des appareils de pesage embarqués, des capteurs (de choc, de vibration, de température, etc.), des systèmes d'identification des marchandises entrantes et sortantes (lecteur de code-barres, système RFID), etc.

---

1. Disponible dans : http ://www.fms-standard.com/.

Tous ces périphériques communiquent en général de manière ad-hoc. Pour des raisons de performance, chaque fabricant se focalise sur son cœur de métier afin de concevoir des équipements efficaces qui ne traitent que les informations qui sont nécessaires au service proposé. Le besoin d'optimisation et d'efficacité a donné naissance à un nouveau challenge technologique. Il s'agit de proposer de nouveaux services en ouvrant les canaux de communication et/ou en y intégrant de nouveaux systèmes d'une manière automatique et transparente. En effet, les protocoles qui ont été mis en place afin de répondre à ce besoin, sont efficaces dans l'établissement des communications entre certains périphériques standards, mais ils restent insuffisants pour satisfaire l'interopérabilité de bout-en-bout [13, 17, 18]. En effet, le coût estimé de la prise en compte systématique de l'interopérabilité est 40% plus élevé par rapport aux systèmes similaires non interopérables [19].

Pour satisfaire les quatre niveaux d'interopérabilité, nous proposons la conception d'un canal de communication et de traitement intelligent capable d'assurer une communication adaptable entre les périphériques. Avant l'implémentation et pour valider le fonctionnement de notre système, une modélisation formelle est proposée par la Figure 2.3. Trois familles de périphériques embarqués ont été identifiées, ils peuvent être classé suivant le sens du transfert des données (sans tenir compte des données de configuration) en trois catégories :

1. Equipements fournisseurs de données : Il s'agit de périphériques qui envoient des données. Ils sont généralement en mode lecture seule. Ces périphériques fournissent leurs données soit directement soit à travers des convertisseurs de données spécifiques (transceivers). Nous considérons dans ce cas l'ensemble (périphérique + transceiver) comme étant le périphérique fournisseur de données. Exemple : Bus CAN / FMS, module GPS, Lecteur RFID, etc.

2. Equipements destinataires de données : Il s'agit de périphériques qui reçoivent ou consomment des données. Exemples : Périphérique de stockage (mémoire flash, disque dur externe Universal Serial Bus (USB), clé USB), Casque audio, Haut-parleurs, etc.

3. Equipements interfaces de communication : Il s'agit des périphériques qui n'ont pas de données intrinsèques à fournir, mais qui ouvrent des canaux de communication vers ou depuis des périphériques fournisseurs ou destinataires de données. Ils sont différents des transceivers dans la mesure où ils ne sont pas spécifiques à un périphérique donné, un bus ou un protocole logique particulier. Exemples : Modem GSM / GPRS, Extension Bluetooth, Clé Wifi, Antenne 802.11p, etc.

Six processus internes à C2A ont été identifiés : Initialisation, Identifica-

2.2. C2A : Le Canal Intelligent pour l'Interopérabilité

tion, Update PeriphTable, Signals Update, Data Loader et Data Management qui doivent se synchroniser à l'aide d'évènements précis comme indiqué sur la Figure 2.3.

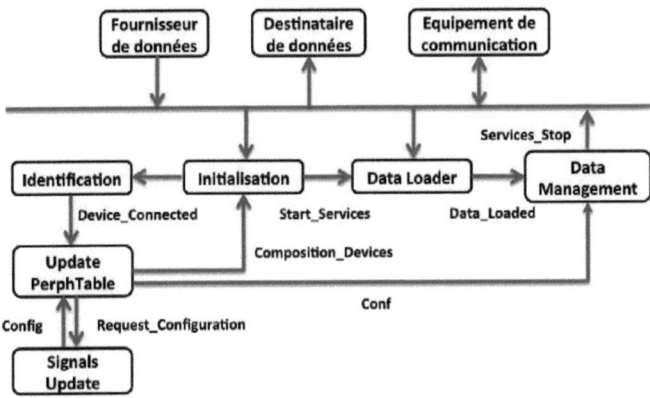

FIGURE 2.3 – Modélisation du tunnel communiquant C2A

Le processus *Initialisation* détecte les nouvelles connexions et il envoie un évènement à *Identification* afin de reconnaitre le périphérique connecté (module GPS, module GPRS, CAN, etc.). Ce dernier informe *Update PeriphTable* de la présence du périphérique pour le rajouter à la table des périphériques connectés. Une fois les périphériques reconnus, *Signals Update* met à disposition des autres processus les signaux utiles et accessibles, fournis ou consommés par l'ensemble des périphériques connectés (vitesse, position, niveau du carburant, etc.). La nouvelle table des périphériques connectés ainsi que la nouvelle liste des signaux sont transmises au processus *Initialisation* qui ordonne au processus *Data Loader* de commencer l'exécution du service. *Data Loader* commence à récolter les données nécessaires à l'exécution du service, puis les transmet à *Data Management* qui les traite avant de les véhiculer vers le périphérique adéquat. Pour finir, *Data Management* envoie un message aux autres processus pour qu'ils se réinitialisent et attendent le prochain service. Ce fonctionnement peut être modifié en cours de d'exécution par l'utilisateur pour la prise en charge de certains services et signaux désirés. Cette configuration est transmise au système à l'aide de périphériques bien définis selon des procédures sécurisées.

2.2.1 Modélisation du Canal C2A

Modélisation UPPAAL

Pour vérifier les aspects temps réel et de synchronisation des processus, nous avons choisi *UPPAAL* [20] qui est un environnement intégré pour la modélisation, la simulation et la vérification des systèmes temps-réel. Nous avons modélisé quatre types de signaux (Etat du conducteur, Vitesse, Altitude, Longitude). Nous présentons ici une partie des machines d'états modélisant les processus de notre système [21]. Les périphériques sont modélisés par une machine d'état qui fournit ou consomme une donnée générée aléatoirement. Un exemple de périphérique de communication, qui est à la fois un fournisseur et un destinataire de données, est modélisé par la machine d'états représentée dans la Figure 2.4.

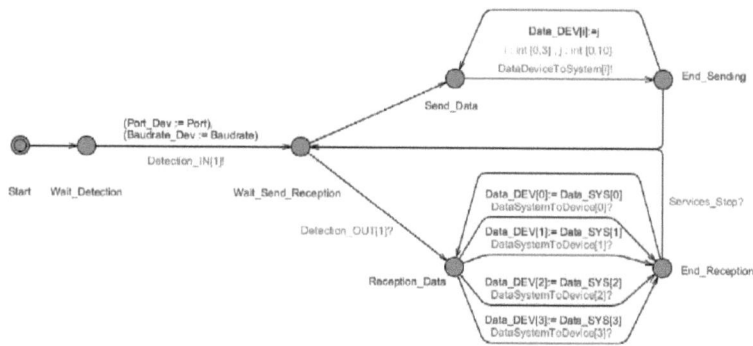

FIGURE 2.4 – Machine d'états modélisant un périphérique de famille 3

Après la mise sous tension, le périphérique s'authentifie auprès du système en envoyant un évènement *DETECTION_IN*. Ensuite, il passe en mode envoi ou réception d'une donnée du système jusqu'à la réception de l'évènement *Services_Stop*.

Le processus *Identification* permet la reconnaissance du périphérique en déterminant le port et la vitesse de transmission (Baud Rate) appropriés. La machine d'états est donnée par la Figure 2.5. Ce processus scanne en continu les ports à différents Baud Rate et teste les données reçues. Si ces données sont valides, il envoie un évènement *Device_Identified* à *Update PeriphTable* pour le rajouter à la table des périphériques connectés. Une fois cette mise à jour effectuée, ce processus envoie une requête de configuration du service à *Signals Update*.

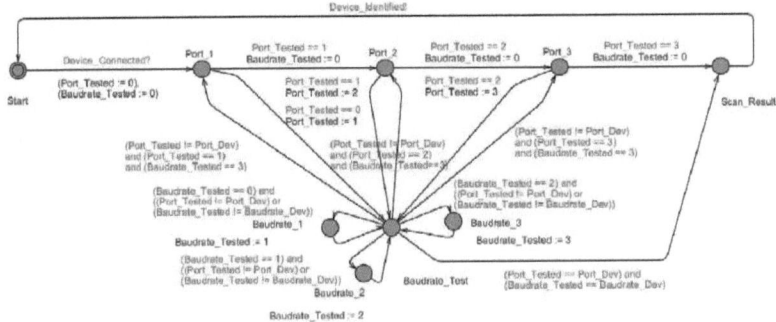

FIGURE 2.5 – Machine d'états modélisant le processus Identification

Dès la réception de la requête, le processus teste la présence d'un périphérique de configuration, il récupère la configuration du service ainsi que les signaux pris en charge ou fournis par ce périphérique. Sinon, il prend en compte la configuration par défaut sauvegardée dans la mémoire du système.

Après le lancement du service, *Data Loader* acquiert les données nécessaires et les transfère à *Data Management*. Le processus recherche des périphériques en sortie (disque dur, module GPRS, etc.) et si le service correspondant est activé (archivage, notification par Short Message Service (SMS), etc.). Il envoie les données résultantes des traitements effectués vers le périphérique. Enfin, il réinitialise les autres processus grâce à l'évènement *Services_ Stop*.

Le modèle a été validé à l'aide de l'outil *UPPAAL*. La simulation a permis de vérifier le bon fonctionnement du canal avec des données aléatoires. Nous avons ainsi procédé à la vérification des propriétés critiques suivantes :

- Evitement des interblocages (deadlock free).
- Toute donnée envoyée par le système est bien reçue par le périphérique destinataire et vice-versa.
- Le canal identifie le bon port et Baud Rate du périphérique connecté.
- Tout périphérique connecté doit être obligatoirement reconnu.

Modélisation LDS

LDS signifie *Langage de Spécification et de Description* [22]. Langage de Description et de Spécification (LDS) est pris en charge et standardisé par l'*Union Internationale des Télécommunications (UIT-T)*. Il utilise des *machines à états finis* ou *Finite State Machines (FSM)* et leurs extensions pour les spécifications des protocoles de communications. Il représente graphiquement la structure et le comportement des protocoles. Il est principalement axé sur les processus. Un système modélisé est constitué d'un ensemble de processus de communication. Chacun peut être créé et détruit dynamiquement. Chaque processus communique à travers l'envoi et la réception de signaux. Le comportement des processus est défini par des automates finis étendue. Un signal entrant déclenche une transition d'état.

Au cours d'une transition d'état, les actions suivantes peuvent être exécutées :

- Affectation des valeurs aux variables locales.
- Les décisions (branches).
- Envoi des signaux.
- Création d'instances de processus.
- Interruption (une instance de processus peut prendre fin que lui-même).

L'outil utilisé pour créer, modifier, analyser et simuler le modèle LDS est *Cinderella SDL version 1.4*[2]. En outre, l'outil incorpore un plugin *Cinderella Slipper version 1.0* qui traduit automatiquement le modèle créé vers un exécutable en langage C. Le code généré peut être simulé par le noyau et le code de simulation disponibles avec l'outil. Par ailleurs, *Cinderella SDL* peut exécuter, lors de la simulation des modèles, des procédures externes en C par exemple définies dans un fichier DLL. Cela, nous a permis de simuler des procédures pas nécessairement disponibles dans *Cinderella SDL*. Nous avons utilisé cette façon de faire afin de lire directement les ports séries au lieu de les simuler.

Un exemple de modélisation en LDS est le modèle du processus *Identification* illustré par la Figure 2.6. Ce processus permet de vérifier si le périphérique connecté est déjà connu par le système grâce à la procédure *IdentifyFrame*. Pour ce faire, il envoie une demande à *Device_In* via *Data_Loader* pour ouvrir les ports séries disponibles en utilisant l'un des taux de transmission figurant dans le tableau *baudrates*.

Contrairement à UPPAAL, qui prend en charge la vérification formelle des propriétés, LDS utilise l'analyse fonctionnelle grâce à la simulation incrémentalle. En plus, LDS peut générer un *Graphique Séquenciel des Messages (MSC)* ou *Message Sequence Chart (MSC)* pour la description et la spécification des interactions entre les composants du système. La Figure 2.7 représente un

---

2. Cet outil est disponible sur le site : http://www.cinderella.dk/

2.2. C2A : Le Canal Intelligent pour l'Interopérabilité

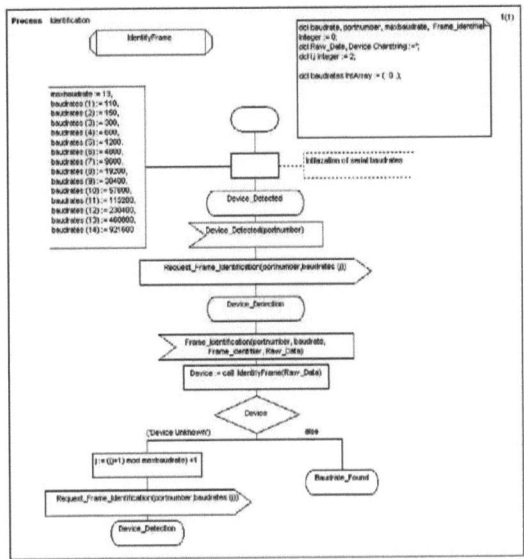

FIGURE 2.6 – Exemple de modélisation LDS : La modélisation LDS du processus Identification de C2A

exemple obtenu à partir de nos simulations.

Le MSC ici nous permet de suivre les divers échanges entre les processus et de vérifier le bon fonctionnement du modèle. Comme on peut le voir au début de la simulation le processus *Initialization* envoie une demande au périphérique connecté via *Data_Loader*. Lorsque le périphérique est branché, le dispositif répond immédiatement. Cette réponse lance l'événement *Device_Detected*. Ensuite, le processus *Identification* demande une première trame afin d'entamer la reconnaissance du périphérique connecté. Si cela réussit, le système attend une nouvelle connexion.

Comparaison des Méthodes de Vérification UPPAAL et LDS

Un autre résultat important de notre travail est résumé dans le tableau 2.1. Ce tableau répertorie les avantages et les inconvénients des deux méthodes utilisées. Il peut être pris en compte par ceux qui modélisent avant de choisir la méthode appropriée en fonction de leurs applications.

Grâce aux simulations et les vérifications des propriétés, nous étions en

Chapitre 2. Communication Intra-Véhicule

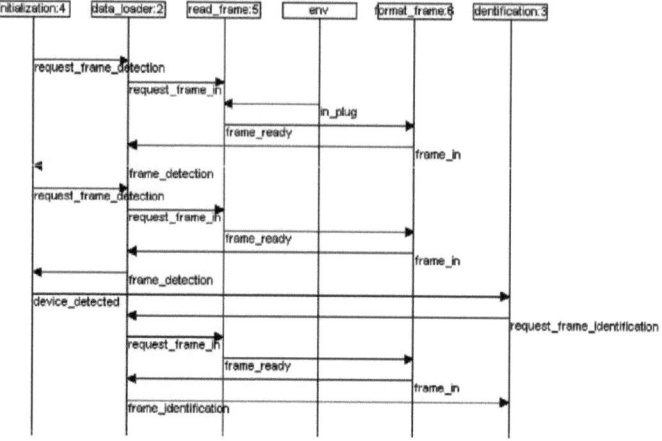

FIGURE 2.7 – Exemple MSC : Exemple qui montre une identification réussie

mesure de confirmer la validité de notre modèle. Ainsi, nous passons à la mise en œuvre sur une plate-forme embarquée afin de mesurer les performances réelles du système [23].

2.2.2 L'implémentation du Système C2A

Nous avons choisi de réaliser un démonstrateur pour implémenter notre système afin de prouver la faisabilité du concept de ce canal intelligent. Le scénario retenu est la gestion et le suivi de flotte. Nous avons choisi des périphériques couvrant les trois familles et utilisant les protocoles série (RS232, USB) qui sont les plus répandus dans le domaine du transport. Le démonstrateur, basé sur une carte électronique *Poseidon* conçue par *Diamond System*[3] et prend en charge :

- Des périphériques de la famille d'équipements 1 :
    - un simulateur de trames FMS *PCAN-FMS Simulator*[4] couplé à une interface *CANgine*[5].

---

3. http ://www.diamondsystems.com
4. PCAN-FMS Simulator de chez PEAK-System Technik GmbH (Version 1.14.25) : Un logiciel qui génère des trames FMS à partir d'une simulation, un matériel CAN ou une trace préalablement sauvegardée (http ://www.peak-system.com).
5. CANgine de chez Embeded Systems Solution : Un tranceiver qui reçoit les données (FMS) du port CAN et les transmet via le port RS232 (DB9) à une vitesse allant de 2400

2.2. C2A : Le Canal Intelligent pour l'Interopérabilité

	UPPAAL	LDS
Avantages	Vérification des propriétés	Description standardisée
	Tests exhaustifs	Appels distant pour fonctions
	Détection des défaillances	Définition de nouveaux types de variables
	Simulations aléatoires	Vérification en utilisant les MSC
	Paramètres formels	Instanciation dynamique
	Simplicité de l'outil	Génération automatique de code
Inconvénients	Synchronisation binaires	Aucune vérification formelle
	Complexité augmente rapidement	Prise en main de l'outil
	Manque de lisibilité	Description de bas niveau
	Pas de génération de code	Difficultés dans la réutilisation du code
	Algorithme de vérification lourd	Débogage du code généré

TABLE 2.1 – Comparaison des méthodes de modélisation UPPAAL et LDS

- un module GPS dont les informations communiquées sont formatées au format *NMEA*[6].
- Un périphérique de la famille d'équipements 2 : une clé USB.
- Un périphérique de la famille d'équipements 3 : un module GSM / GPRS.

La partie logicielle a été développée sous une distribution Linux embarqué qui a été optimisée pour minimiser l'empreinte mémoire (18 Mo/ 128Mo disponible) afin de respecter les contraintes de l'embarqué. Le fonctionnement du démonstrateur est illustré par la Figure 2.8.

La détection d'une nouvelle connexion est traitée par les processus *Initialisation* et *Identification* suivant le protocole série utilisé :
- USB : Le noyau a été configuré de telle sorte à générer des signaux lors d'une connexion ou déconnexion USB et à associer automatiquement un pilote pour la lecture des données séries.
- RS232 : Un processus scanne en continu le bus RS232 au niveau de tous les ports et à des Baud Rate différents avant de tester les données reçues. Si ces dernières sont des caractères valides, il conclut à une nouvelle connexion. Puis, il identifie le périphérique à l'aide des caractères reçus.

Après la reconnaissance du périphérique connecté, ce dernier est rajouté à la table des périphériques encore disponibles dans *Update PeriphTable*. Puis, *Signals Update* prend la main pour fournir les informations nécessaires au lancement du service approprié. Ces informations dépendent des périphériques connectés et de la présence d'un appareil de configuration prédéfini à l'avance.

bits/s à 115200 bits/s (http ://www.cangine.com/en/products/no1/no1.html).
6. http ://www.nmea.org

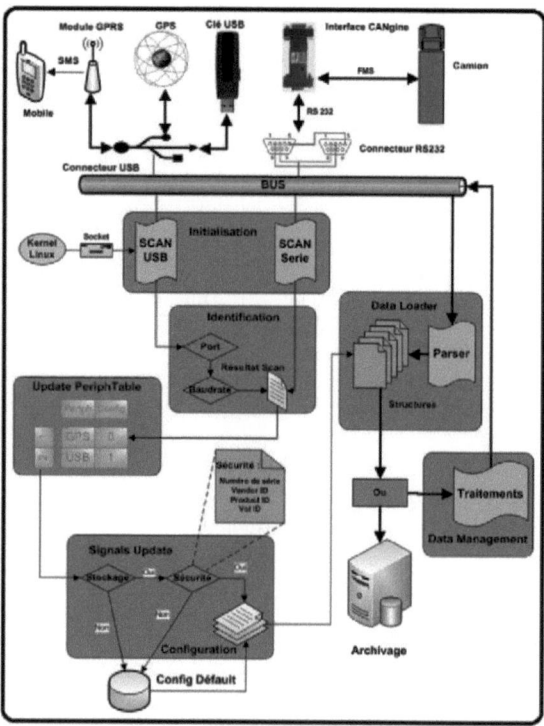

FIGURE 2.8 – Fonctionnement du démonstrateur C2A

Ici, nous avons choisi une clé USB comme périphérique de configuration. La configuration est celle par défaut enregistrée dans la mémoire interne de la carte ou celle transmise par la clé USB, si cette dernière est connectée et après la vérification de son authenticité (Numéro de série, Vendor ID, Product ID, Vol ID qui sont des caractéristiques propres à cette clé). La configuration est transmise à l'aide d'un fichier XML (Extensible Markup Language) contenant des informations concernant l'utilisateur (nom, prénom, date de naissance et numéro de téléphone), l'entreprise (nom, classe, adresse et adresse IP du serveur), les services désirés (archivage noté *Transfert* ou notification par SMS noté *Notification*) et les signaux activés (Vitesse, position, etc.). Pour faciliter la modification du fichier Extensible Markup Language par un utilisateur

2.2. C2A : Le Canal Intelligent pour l'Interopérabilité 21

final, une interface simple à utiliser a été développée. Cette interface permet à l'utilisateur de saisir les paramètres du système et de générer un fichier Extensible Markup Language bien formaté et utilisable par le démonstrateur.

Après l'étape de la configuration, *Data Loader* charge les données utiles, il les scinde avant de les organiser dans des structures suivant la configuration retenue. Pour finir, *Data Management* effectue les traitements appropriés (conversion, seuillage, etc.) sur ces données et il les archive sur la clé USB ou il les envoie par SMS à un mobile, à condition que la clé USB et le module GPRS soient connectés.

Ce démonstrateur basé sur la modélisation proposée et prenant en charge un nombre limité de périphériques représentatifs a été présenté lors d'un séminaire organisé dans le cadre du comité du pilotage du projet C2A. Il a permis de prouver la faisabilité du canal C2A sur un nombre réduit de périphériques. Il a été démontré que ces périphériques peuvent interagir et échanger des données. Ainsi, le système est capable de proposer automatiquement des nouveaux services à l'utilisateur tout en lui laissant le choix de les personnaliser par la suite.

CHAPITRE 3
Communication Inter-Véhicules

Contents

3.1 Comparaison des Services de Localisation 29
   3.1.1 Etude de Mise à l'échelle 29
   3.1.2 Comparaison Expérimentale 30
3.2 Routage et Localisation Conjoints dans les Réseaux VANETs : Nouvelles Approches 32
   3.2.1 L'Approche Hybride Simple 32
        Description de L'Approche Hybride Simple 32
        Comparaison Expérimentale de l'Approche Originelle et L'Approche Hybride Simple 34
        Comparaison du Coût de La Localisation : 34
        Comparaison des Performances de La Localisation : 34
        Comparaison des Performances du Routage : 35
        Conclusion sur La Comparaison Expérimentale de l'Approche Originelle et L'Approche Hybride Simple : 35
   3.2.2 L'Approche Hybride avec Prédiction de Mobilité . . . 36
        Description de L'Approche Hybride avec Prédiction de Mobilité 36
        Comparaison Expérimentale de l'Approche Originelle, L'Approche Hybride Simple et L'Approche Hybride avec Prédiction de Mobilité 37

La première partie vise à améliorer la *Communication Inter-Véhiculaire*. En effet, le canal Connect to All (C2A) a été conçu pour faciliter le flux d'informations entre les systèmes embarqués dans le véhicule. Maintenant, que se passe-t-il si de nombreux véhicules ont besoin de communiquer et d'échanger des données entre eux ? Ces informations échangées peuvent être critiques pour éviter les collisions ou les accidents (alerte véhicule en panne, alerte verglas, alertes de collisions, etc.). Elles peuvent être également liées aux *Systèmes de Transport Intelligents (STI)* comme *Green Light Optimized Speed Advisory (GLOSA)* [24] pour la gestion des feux de circulation, gestion du trafic routier, déviations en cas de bouchons, etc. Enfin, elles peuvent concerner le confort et les applications de divertissement telles que la navigation Internet, les jeux vidéo en ligne, l'éco-conduite, etc. Ainsi, les *Communications Inter-Véhiculaires* sont devenues une nécessité pour la sécurité, les applications de divertissement ou de STI. Ceci est dû à la maturité des technologies sans fil, ainsi qu'à l'importance croissante du véhicule dans notre vie, qui est considéré aujourd'hui comme le troisième lieu de vivre après la maison et le bureau.

Dans cette partie, nous nous sommes interessés principalement à la *Communication Inter-Véhiculaire*, communément appelé *Vehicular Ad-hoc NETworks (VANETs)* ou *(Réseaux Véhiculaires Ad-hoc)*. Les *VANETs* sont un cas particulier des *Mobile Ad-hoc NETworks (MANETs)* ou *Réseaux Mobiles Ad-hoc*. Les *MANETs* sont des réseaux mobiles et sans fil auto-organisés. Il existe trois types de *VANETs* :

- *Communications Véhicules à Infrastructures (V2I)* [12] : Les véhicules ne peuvent pas communiquer directement. Ils ont besoin de passer par une infrastructure (3G, LTE, etc) qui sert d'intermédiaire. Ces véhicules sont identifiés par des adresses IP par exemple.
- *Communications Véhicule à Véhicule (V2V)* [25] : Chaque véhicule est conscient des autres véhicules voisins autour de lui à travers l'échange de messages *HELLO*. Il peut envoyer des alertes en temps réel si un incident ou un événement inattendu s'est produit, dans le but d'éviter les accidents et les collisions en utilisant des communications multi-sauts. L'une des technologies les plus prometteuses à ce jour pour ces types de communications est la technologie *Institute of Electrical and Electronics Engineers (IEEE) 802.11p* [26].
- *Communications Hybrides V2I et V2V* [27] : Les véhicules peuvent choisir entre l'envoi de paquets directement aux voisins proches et l'envoi des paquets aux véhicules qui ne sont pas dans la portée radio, via l'infrastructure.

Dans notre étude, nous nous sommes interessés aux *Communications Véhicule à Véhicule (V2V)*. Nous supposons que tous les véhicules participants sont équipés d'un canal C2A avec une extension qui gère une antenne *IEEE 802.11p*. Les *Communications Véhicules à Infrastructures (V2I)* seront pris en compte dans les travaux futurs.

La principale caractéristique des réseaux *VANETs* est la haute mobilité des nœuds, qui sont composées de véhicules roulant à grande vitesse. Plus précisément, les différentes caractéristiques de ces types de réseaux sont les suivantes :

- Nœuds hautement dynamiques : Par exemple, pour deux nœuds roulant

en sens inverse à 100 Km/h, avec une portée de transmission de 250 m, la connection entre eux restera active que pour une durée maximale de 18s.
- Déconnexions fréquentes : La conséquence immédiate de la haute mobilité est le changement de la topologie et donc des déconnexions continues.
- Puissance illimitée : Les *VANETs* ne souffrent pas d'un manque ni de puissance électrique, ni de puissance de calcul, parce que chaque nœud est un véhicule équipé d'une batterie et de processeurs embarqués.
- Mobilité contrainte : la mobilité est limitée par les routes, les jonctions, les autoroutes, les limites de vitesse, la trafic routier, la signalisation routière et les feux de circulation.
- Interactions avec les capteurs embarqués : Les *VANETs* peuvent profiter de l'interaction avec des capteurs embarqués tels qu'un module Global Positioning System (GPS), un Tachygraphes, un Accéléromètre, un module General Packet Radio Service (GPRS), etc.

Ces caractéristiques nécessitent des protocoles de routage qui tiennent compte des changements fréquents de topologie et des rupture continues des liens entre les nœuds. Les premiers candidats comme protocoles de routage dans les *VANETs* sont les *Protocoles de Routage Topologiques*. Cela est dû au fait que les *VANETs* sont un sous-ensemble des *MANETs* avec des caractéristiques spécifiques et que les *Protocoles de Routage Topologiques* ont été déjà utilisés pour les *MANETs*.

Les *Protocoles de Routage Topologiques* sont, en général, divisés en deux phases : phase de Découverte et phase de Maintenance. Au cours de la phase de découverte, un nœud diffuse une requête afin de trouver le chemin par lequel le paquet doit passer pour atteindre sa destination. Dans *Dynamic Source Routing (DSR)* [28], lorsque la demande atteint la destination, cette dernière renvoie un paquet de réponse. Chaque nœud intermédiaire ajoute son identificateur à l'entête du paquet de réponse (Figure 3.1). La source alors est en mesure d'envoyer les données vers la destination. S'il y a rupture d'un lien, la deuxième phase (à savoir la phase de Maintenance) est lancée. Cette phase a pour but d'identifier et de réparer les chemins en utilisant les aquittements actifs et passifs, ainsi qu'en envoyant des paquets d'erreur par le nœud intermédiaire où la déconnexion s'est produite. Cela évite les inondations et le maintien des chemins inutiles, mais la taille de l'entête augmente rapidement avec la taille du réseau.

Ainsi, les *Protocoles de Routage Topologiques* sont pénalisés par des phases de Découverte et de Maintenance lourdes et coûteuses, ce qui conduit à des problèmes de mise à l'échelle. Cela est dû à la haute mobilité, ce qui engendre des liens courts et interrompus. C'est pourquoi les *Protocoles de Routage Géographique* ont été pensés afin de traiter ces problématiques.

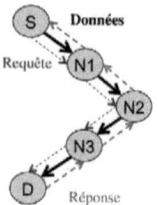

FIGURE 3.1 – Un exemple de Phase de Découverte dans DSR

Par exemple, *Greedy Perimeter Stateless Routing (GPSR)* [29] est un *Protocole de Routage Géographique* réactif qui transmet les paquets au voisin le plus proche du nœud cible jusqu'à atteindre la destination (approche *Gloutonne* ou *Greedy Forwarding*). Par conséquent, il s'adapte mieux que les *Protocoles de Routage Topologiques* aux réseaux à larges échelles dynamiques, mais il ne prend pas compte ni de la topologie urbaine des rues comme dans *Geographic Source Routing (GSR)* [30], ni du trafic routier comme dans *Anchor-based Street and Traffic Aware Routing (A-STAR)* [31] ou *improved Greedy Traffic Aware Routing (GyTAR)* [32]. Il n'est pas adapté non plus aux réseaux éparses comme dans les *Réseaux Tolérants aux Délais (RTD)* tel que *Geographic and Delay Tolerant Network with Navigation Assistance (GeoDTN +Nav)* [33].

La Table 3.1 résume les principaux protocoles de routage utilisés dans les réseaux *VANETs*. Le protocole de routage géographique utilisé dans cette étude est le protocole *GPSR*. Cependant, ce travail reste compatible avec les autres *Protocoles de Routage Géographique*.

Les *Protocoles de Routage Géographique* utilisent les informations de localisation des nœuds quand ils ont besoin d'acheminer des paquets. Cependant, ces informations sont maintenues par des services distribués connus sous le nom de *Services de Localisation*. Par conséquent, les *Protocoles de Routage Géographique* et les *Services de Localisation* sont très liés, mais généralement ils sont considérés séparément dans la littérature. Les *Services de Localisation* (dans le contexte des réseaux *VANETs*) sont des services distribués sans infrastructure. Il ont pour but de répondre à des requêtes de localisation telles que : "Où est le nœud X ?".

Il existe principalement deux types de *Services de Localisation* : les services basés sur l'inondtation du réseau et ceux qui sont basés sur la hiérarchie du réseau. Un exemple parmi les *Services de Localisation* basé sur l'innondation est le *Reactive Location Service (RLS)* [34]. Dans ce service, chaque nœud transmets sa demande de localisation à tout le réseau grâce à l'innondation (broadcast). Une fois que cette requête a atteint un nœud ayant l'information,

Protocoles de Routage	Classe du Proto	Topologie des Rues	Trafic Routier	RTD	Metriques Utilisées
FSR	Topo(Pro)	Non	Non	Non	Table Routage
DSR	Topo(React)	Non	Non	Non	Topologie
TORA	Topo(React)	Non	Non	Non	Topologie
AODV	Topo(React)	Non	Non	Non	Topologie
LAR	Géo	Non	Non	Non	Distance Statique
GPSR	Géo	Non	Non	Non	Distance Statique
GSR	Géo	Oui	Non	Non	Distance Statique
A-STAR	Géo	Oui	Oui	Non	Dist/Trafic Stat
GyTAR	Géo	Oui	Oui	Non	Dist/Traf Dynamique
GeoDTN +Nav	Géo	Oui	Oui	Oui	Dist/Traf/Chemin Direction/Densité Dyn

TABLE 3.1 – Résumé des Protocoles de Routage

ce dernier répond directement. Les *Services de Localisation Hiérarchiques* les plus connus sont *Grid Location Service (GLS)* [35] et *Hierarchical Location Service (HLS)* [36]. La région est partagée dans ces réseaux en niveaux hiérarchiques et les requêtes sont transmises du haut vers le bas dans cette hiérarchie (Figure 3.2).

Les nœuds dans les *Services de Localisation Hiérarchiques* doivent élire des serveurs de localisation dans les différents niveaux afin de maintenir à jour leurs positions auprès de ces serveurs. Quand un autre nœud a besoin de cette position, il envoie une requête vers ces serveurs qui répondront après l'avoir reçue. La différence remarquable entre GLS et Hierarchical Location Service (HLS) illsutrée par la Figure 3.2, se fait au niveau de la mise à jour. Dans GLS, chaque nœud envoie une mise à jour périodique de sa position vers tous les serveurs de localisation à tous les niveaux. Alors que dans HLS, cette mis à jour se fait qu'au premier niveau et que seule la mise à jour de la position de la cellue responsable (la cellule où l'élection des serveurs de localisation doit se faire) est envoyée du niveau i vers la cellule responsable du niveau $i+1$.

Cette étude, tout d'abord, présente une comparaison des *Services de Localisation* les plus connus. Cette comparaison montre que les *Services de Localisation Hiérarchiques* permettent d'améliorer les performances de localisation à moindre coût. Pour cette raison, nous proposons deux combinaisons appelées *Hybrid Routing and Grid Location Service (HRGLS)* et *Hybrid Routing and Hierarchical Location Service (HRHLS)* entre *Greedy Perimeter Stateless Routing (GPSR)* comme protocole de routage géographique et *Grid Location Ser-*

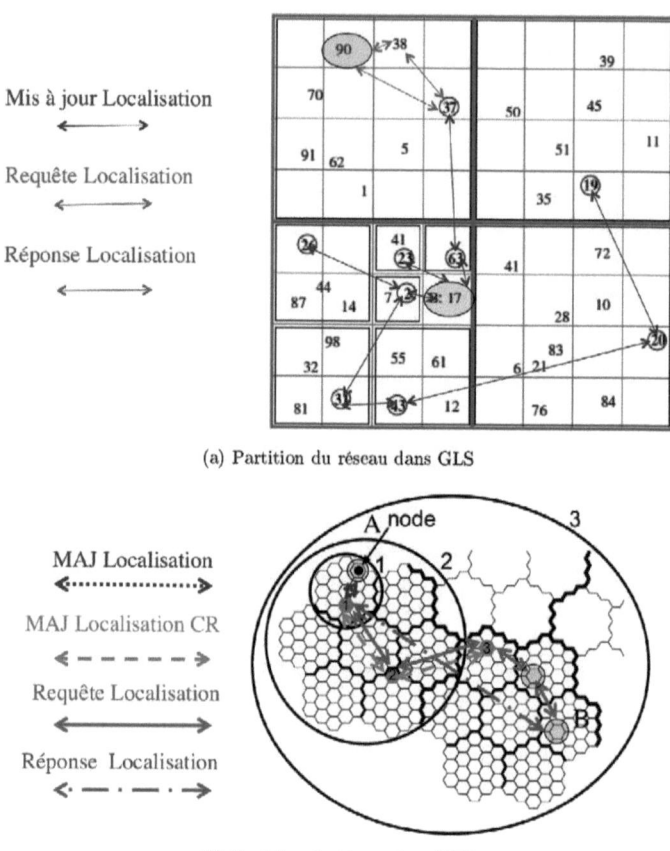

FIGURE 3.2 – Un exemple de partition hiérarchique du réseau dans GLS and HLS

vice *(GLS)* ou *HLS* comme service de localisation. Plusieurs expérimentations ont été effectuées sur le simulateur réseau *Network Simulator 2 (NS-2)*. Ces expérimentations montrent que les combinaisons efficaces entre les protocoles de routage géographiques et les services de localisation permettent d'améliorer les performances du réseau tout en réduisant les coûts de localisation. Pour améliorer encore plus les performances de routage, nous avons intégré à HRHLS un *Algorithme de Prédiction de Mobilité* dans une approche appel-

3.1. Comparaison des Services de Localisation

lée, *Predictive Hybrid Routing and Hierarchical Location Service (PHRHLS)*. D'autres simulations ont été réalisées afin de montrer les avantages de la prédiction de la mobilité.

3.1 Comparaison des Services de Localisation

3.1.1 Etude de Mise à l'échelle

Afin de réaliser cette comparaison, on a eu recours au cadre théorique définit dans [37]. On suppose aussi que la densité des nœuds reste constante. De plus, le trafic utilisé est un trafic uniforme dans le quel chaque nœud a la même probabilité d'envoyer une requête de localisation vers n'importe quel autre nœud du réseau. Le but de cette comparaison est d'évaluer les conjonctures assymptotiques des *Coût de la Maintenance de Localisation*, *Coût des Requêtes de Localisation* et *Coût de la Sauvegarde de Localisation*, dans GLS et HLS en fonction du nombre de nœuds (N).

Les auteurs de [37] ont évalué ces métriques pour GLS et leur conclusion est :

$$E(C_m) = O(v\sqrt{N}) \quad (3.1)$$
$$E(C_q) = O(\sqrt{N}) \quad (3.2)$$
$$E(C_s) = O(\log N) \quad (3.3)$$

Alors que, notre évaluation pour HLS de ces mêmes paramètres a donné le résultat suivant :

$$E(C_m) = O(v \log \sqrt{N}) \quad (3.4)$$
$$E(C_q) = O(\sqrt{N}) \quad (3.5)$$
$$E(C_s) = O(\log N) \quad (3.6)$$

En comparant (3.1) avec (3.4), ainsi que (3.2) avec (3.5) et pour finir (3.3) avec (3.6), on conclut que GLS et HLS sont tout les deux extensibles (scalables) en fonction des ces trois critères évalués. Toutefois, HLS s'adapte mieux que GLS aux larges réseaux surtout pour les coûts de maintenance de localisation. Ceci est dû à la différence dans le mécanisme de mise à jour. Dans GLS, tous les serveurs de localisation maintiennent à jour la position du nœud. Cependant dans HLS, ces même serveurs stockent au niveau i la position de la cellule responsable du niveau $i-1$ qui doit être mis à jour moins régulièrement. Ces mesures qualitatives confirment que HLS évolue mieux que

GLS. Dans la section suivante, les performances de RLS, GLS ainsi que HLS sont évaluées.

3.1.2 Comparaison Expérimentale

Les simulations ont été réalisées à l'aide du *Simulateur NS-2 2.33*[1]. Le protocole de routage géographique utilisé est *Greedy Perimeter Stateless Routing (GPSR)* [29]. La région choisie est une surface de 2x2 km^2 extraite d'une vraie carte représentant une partie de la ville de *Reims*. Cette zone est extraite du site Web *Open Street Map*[2]. La couche Media Access Control (MAC) utilisée est l'implémentation NS-2 du *IEEE 802.11p*[3]. La simulation a été lancée 10 fois et les résultats sont calculés sur la moyenne pour plus de précisions.

Nous avons étudié le coût induit par les services de localisation en ce qui concerne les requêtes, la mis à jour et les réponses. La coût est mesuré par le nombre de paquets envoyés et transmis au cours des mises à jour de localisation, des requêtes et des réponses (Figure 3.3.(a)). RLS n'utilise pas le mécanisme de mise à jour, mais les requêtes inondent sur tout le réseau. Cela crée un trafic important qui surcharge le réseau. Par conséquent, RLS est le plus coûteux entre les trois services comparés. GLS a un mécanisme de maintenance beaucoup plus coûteux que celui de HLS (+326% de paquets de mis à jour envoyés dans GLS par rapport à HLS). Cela est dû au fait que la mise à jour de localisation dans GLS est globale pour tous les serveurs dans le réseau. Cependant, elle est principalement locale dans HLS à la cellule responsable du premier niveau. Cela confirme les résultats de l'étude de l'extensibilité dans la section 3.1.1. En effet, la borne supérieure du coût de la maintenance de localisation dans GLS est $O(v\sqrt{N})$, alors qu'elle est de $O(v\log\sqrt{N})$ pour HLS. Par conséquent, nous nous attendions à avoir plus de mises à jour dans GLS que dans HLS, ce qui est le cas dans la Figure 3.3.(a). Donc, HLS réduit cette surcharge de 70% par rapport à RLS et de 56% par rapport à GLS en moyenne.

Par la suite, on fait varier le nombre de nœuds (50, 100, 200 et 400 nœuds). L'objectif est d'observer son impact sur les performances des services de localisation. Les résultats sont présentés dans la Figure 3.3.(b). La courbe représente le *Query Success Ratio (QSR)* ou le *Taux de Requêtes Réussites (TRR)*. Ce paramètre représente le taux de requêtes qui sont répondues avec des informations de localisation précises (une marge de 250 m, de la taille de la portée de transmission, est autorisée). Le TRR diminue en raison du nombre de nœuds élevé, donc le nombre de requêtes envoyées augmente en conséquence. Ceci

---

1. Disponible sur : http ://nsnam.isi.edu/nsnam/
2. Disponible sur : http ://openstreetmap.fr/
3. Disponible sur : http ://dsn.tm.uni-karlsruhe.de/english/Overhaul_NS-2.php/

3.1. Comparaison des Services de Localisation

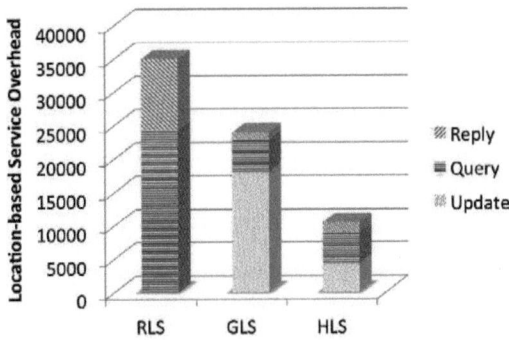

(a) Coûts du Services de Localisation

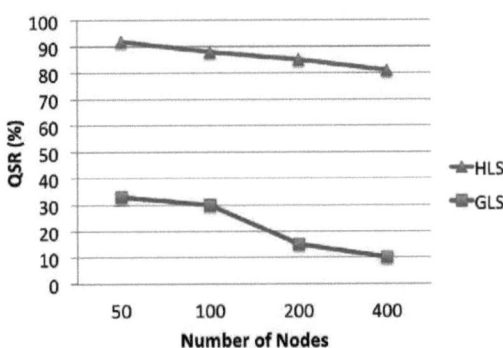

(b) Performances du Services de Localisation

FIGURE 3.3 – Evaluation des Services de Localisation : Coûts et Performances

surcharge le réseau, surtout si les mises à jour de localisation sont fréquentes comme dans GLS. La diminution du TRR est seulement d'environ 11% pour HLS, lorsque le nombre de nœuds augmente de 50 à 400 nœuds, alors qu'il diminue de 23% pour GLS. Cela confirme le résultat de l'étude de la mise à l'échelle théorique présentée dans la section 3.1.1, qui est le fait que HLS est plus extensible que GLS.

On conclut donc que le mécanisme basé sur la hiérarchie dans les services de localisation est mieux adapté que le mécanisme d'inondation aux larges réseaux dynamiques. En plus de son extensibilité, HLS est plus rapide et plus performant que GLS.

3.2 Routage et Localisation Conjoints dans les Réseaux VANETs : Nouvelles Approches

3.2.1 L'Approche Hybride Simple

Afin de réduire les coûts de localisation et d'améliorer les performances du routage, nous avons combiné les services de localisation GLS et HLS avec le protocole de routage géographique GPSR, cela a donné deux approches notées *Hybrid Routing and Grid Location Service (HRGLS)* et *Hybrid Routing and Hierarchical Location Service (HRHLS)*. Ensuite, nous avons comparé ces services de localisation (nombre de requêtes de localisation envoyées, la bande passante consommée pour la localisation, etc.) avec et sans combinaison. De plus, nous avons comparé les performances du routage (taux de livraison de paquets, la latence, nombre de sauts, etc.). Ces combinaisons sont évaluées par des expérimentations réalistes. Par ailleurs, les mêmes mesures que dans la section 3.1.1 sont estimées ici pour les approches hybrides (HRGLS et HRHLS).

Description de L'Approche Hybride Simple

Fondamentalement, les services de localisation GLS ou HLS, sont gérés séparément du protocole du routage (i.e. GPSR). Cela signifie que, si un nœud doit envoyer des données à un autre nœud du réseau, GPSR demande au service de localisation s'il possède une information fraîche sur l'emplacement de la destination. Si c'est le cas, GPSR utilise cette position pour transmettre les paquets à la destination. Autrement, le service de localisation lance une demande de localisation pour trouver la nouvelle position de la destination. Lorsque la réponse de localisation est reçue, le service de localisation informe GPSR, qui sera en mesure de transmettre les données vers le nœud destination en utilisant la position reçue. Par opposition, l'approche proposée repose essentiellement sur deux règles :
- L'ancienne position d'un nœud est utilisée pour envoyer les données même si elle n'est pas assez fraîche : Si un nœud a une ancienne position de la destination, cette position est utilisée pour transmettre les données dès que possible.
- En s'approchant de l'ancienne position de la destination, une requête de localisation locale est envoyée pour récupérer la nouvelle position exacte.

3.2. Routage et Localisation Conjoints dans les Réseaux VANETs : Nouvelles Approches

Coûts	GLS	HLS	HRGLS	HRHLS
Maintenance	$O(v\sqrt{N})$	$O(v\log\sqrt{N})$	$O(v\sqrt{N})$	$O(v\log\sqrt{N})$
Requête	$O(\sqrt{N})$	$O(\sqrt{N})$	$O(\log N)$	$O(\log N)$
Sauvegarde	$O(\log N)$	$O(\log N)$	$O(\log N)$	$O(\log N)$

TABLE 3.2 – Résumé de l'Etude de Scalabilité

Afin de mieux comprendre la différence entre les approches hybrides et les approches orginelles, deux types de modèles de trafic de requêtes peuvent être identifiés : le premier modèle de est le trafic localisé qui caractérise l'approche hybride et le deuxième modèle de trafic est le trafic uniforme utilisé dans la section 3.1.1 qui caractérise l'approche orginelle . En effet, dans l'approche orginelle, un nœud peut interroger un autre nœud sur sa position, n'importe quand, n'importe où dans la hiérarchie. Alors que dans l'approche hybride, la requête est exécutée uniquement à l'arrivée dans la région de premier niveau au plus près de l'ancienne position. Par conséquent, on peut considérer que le modèle de trafic localisé dans l'approche hybride (i.e. HRGLS et HRHLS).

A l'aide de ces trafics, on évalue les différentes métriques pour HRGLS et HRHLS. Le résultat est résumé dans la Table 3.2. Cette Table démontre que l'approche hybride simple permet de diminuer le nombre de requêtes par rapport à l'approche orginelle. En effet, la borne supérieure du *Coût des Requêtes de Localisation* pour les approches hybrides est de $\sqrt{N}$, alors qu'elle est de $\log N$ pour les approches orginelles.

Avant de détailler les simulations des approches hybrides, nous nous sommes intéressés aux paramètres de simulation à considérer. Probablement, le paramètre le plus crucial et important à étudier est l'*Age Maximal des Informations de Localisation dans le Cache (AMILC)*. Ce paramètre définit la limite d'âge au cours de laquelle les informations de localisation sont considérées comme fraîches et peuvent être utilisées lors de l'acheminement des paquets. Au-delà, une demande de localisation est lancée pour connaître une position plus fraîche de la destination. En d'autres termes, il définit la fraîcheur de la position sauvegardée dans la mémoire cache. Dans ce contexte, nous avons réalisé des expérimentations dans lesquels nous avons fait varier l'*AMILC*. La conclusion à ces expérimentations est que cette valeur ne devrait pas être supérieure à 12s, sinon il n'y a pas de différences remarquables entre les approches orginelles et hybrides car toutes les données utilisées seraient assez anciennes. Par conséquent, l'*AMILC* a été fixé à 8 s dans tout le reste des expérimentations. Ce choix n'est pas seulement expérimentale, mais il est aussi réaliste. En fait, 9 s suffisent pour un véhicule roulant à 100 km/h, pour faire 250 m, et donc quitter la portée de transmission (fixée à 250 m).

Comparaison Expérimentale de l'Approche Originelle et L'Approche Hybride Simple

Les mêmes paramètres de simulations, que dans la section 3.1.2, ont été utilisés pour comparer les approches orginelles GLS et HLS, avec les approches hybrides HRGLS et HRHLS. Une partie des résultats est représentée par les Figures 3.4, 3.5 et 3.6.

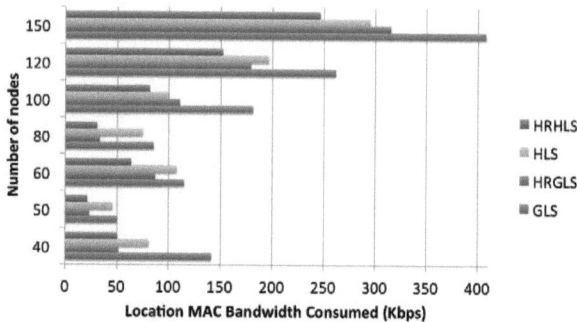

FIGURE 3.4 – Bande passante MAC consommée pour la localisation

Comparaison du Coût de La Localisation : Comme les requêtes de localisation baissent, la bande passante consommée pour la localisation dans la couche MAC est réduite dans l'approche hybride par rapport à celle d'origine. La Figure 3.4 montre que le service de localisation qui consomme en moyenne le plus de bande passante est GLS, puis HLS, suivis par HRGLS et enfin HRHLS. En effet, l'approche hybride réduit les bandes passantes consommées pour la localisation de plus de 35% en moyenne.

Comparaison des Performances de La Localisation : Réduire le surcoût de localisation n'est pas le seul objectif de l'approche combinée, il faut aussi améliorer les performances de localisation. La Figure 3.5 représente le TRR obtenu sur l'ensemble des simulations. Le TRR dans HRHLS subit une légère augmentation par rapport à HLS, car il était déjà supérieur à 90%. Cependant, dans HRGLS il saute d'environ 30% en moyenne par rapport à GLS pour atteindre plus de 98%.

3.2. Routage et Localisation Conjoints dans les Réseaux VANETs : Nouvelles Approches

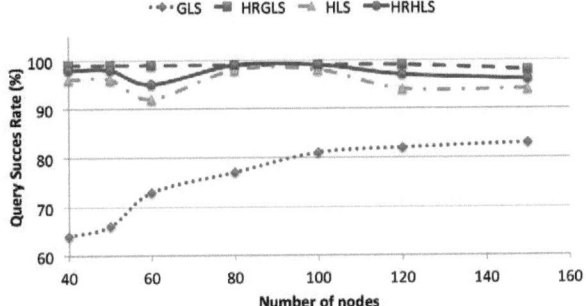

FIGURE 3.5 – Taux de Requêtes Répondues (TRR)

Comparaison des Performances du Routage : Le service de localisation est considéré ainsi comme un support pour le protocole de routage géographique (GPSR ici). Prendre des décisions de routage dépend alors directement des informations de localisation maintenues par le service de localisation. Par conséquent, le suivi des performances du routage est aussi important que les performances de localisation. La Figure 3.6.(a) illustre le *Taux de Paquets Délivrés (TPD)*. Le TPD est le pourcentage des paquets reçus parmi tous ceux envoyés. Il a été amélioré à chaque fois entre les approches hybrides et orginelles. Il a été augmenté d'environ 20% dans HRGLS par rapport à GLS et 10% dans HRHLS par rapport à HLS. Ces augmentations sont très significatives étant donné que le TPD est généralement au-dessus de 80%. La seule exception est lorsque le nombre de nœuds augmente considérablement, en raison de la congestion du réseau.

Le deuxième indicateur des performances du routage représenté par la Figure 3.6.(b) est la latence moyenne. Ce temps de latence moyen est plus faible dans HRGLS et HRHLS, alors qu'il est maximale pour GLS. En moyenne et prenant toutes les simulations, la latence diminue de plus de deux fois de 5.62s dans GLS à 1.99s dans HRGLS. Elle baisse aussi de près de deux fois de 3.18s dans HLS jusqu'à 1.78s dans HRHLS.

Conclusion sur La Comparaison Expérimentale de l'Approche Originelle et L'Approche Hybride Simple : En conclusion, on peut remarquer que la combinaison entre le service de localisation et le protocole de routage permet de réduire les coûts de localisation et d'augmenter non seulement les performances de localisation, mais aussi les performances du

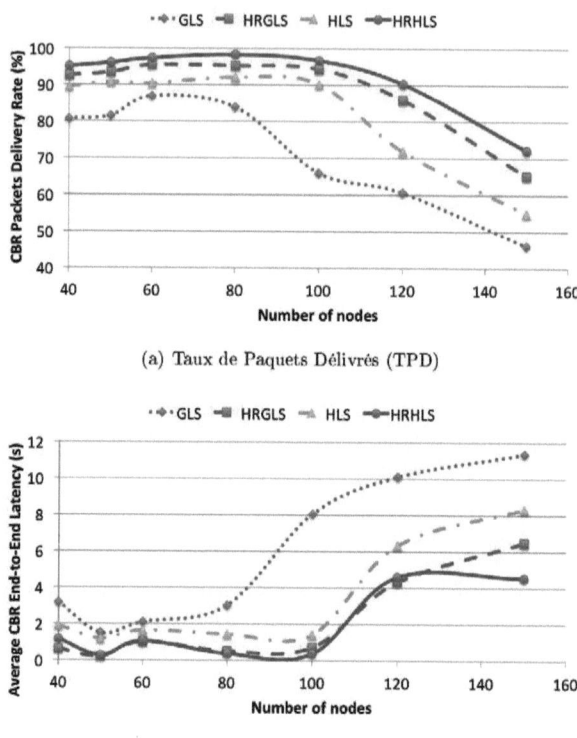

(a) Taux de Paquets Délivrés (TPD)

(b) Latence Moyenne

FIGURE 3.6 – Statistiques du routage pour l'approche hybride simple routage.

3.2.2 L'Approche Hybride avec Prédiction de Mobilité

Description de L'Approche Hybride avec Prédiction de Mobilité

L'approche *Predictive Hybrid Routing and Hierarchical Location Service (PHRHLS)* est présentée dans cette section. Afin de mieux comprendre cette approche, prenons le scénario où un nœud B doit envoyer des données à un nœud A. Au lieu d'envoyer les paquets à l'ancienne position de A, B les enverra directement vers une nouvelle position estimée. Cette position est calculée à

3.2. Routage et Localisation Conjoints dans les Réseaux VANETs : Nouvelles Approches

l'aide d'une simple extrapolation, en utilisant la dernière vitesse sauvegardée de A. Lorsque le paquet arrive à la même région que la position estimée de A, le nœud intermédiaire envoie une demande de localisation à la cellule responsable du premier niveau. Cette dernière répond avec les nouvelles informations de localisation de A. Par conséquent, le paquet peut être transmis directement à A.

Comparaison Expérimentale de l'Approche Originelle, L'Approche Hybride Simple et L'Approche Hybride avec Prédiction de Mobilité

Comme pour HRGLS et HRHLS, PHRHLS est évalué à l'aide de plusieurs expérimentations. Dans ces expérimentations, nous comparons les performances de HLS, HRHLS et PHRHLS. Cette comparaison vise à identifier les avantages de prédiction de mobilité dans notre approche. Puisque la prédiction de mobilité n'influe pas sur le coût de la localisation, on détaille ici que les perfomances du routage. Le TPD, par exemple, est présenté dans la Figure 3.7.(a). Le TPD est toujours meilleur dans PHRHLS (environ 98% en moyenne) par rapport à HRHLS (environ 96% en moyenne) et par la suite dans HLS (environ 94 % en moyenne). La prédiction de mobilité a permis d'augmenter le TPD. Elle contribue donc à l'amélioration du taux de livraison des paquets parce que le paquet est envoyé directement à la nouvelle position estimée et non à l'ancienne.

La latence moyenne est illustrée par la Figure 3.7.(b). Elle est plus faible dans PHRHLS et HRHLS que dans HLS puisque les paquets sont envoyés dès que possible, même si la position de la destination n'est pas fraîche. De plus, les latences sont réduites en utilisant le mécanisme de prédiction de mobilité dans PHRHLS par rapport à HRHLS, parce que l'estimation de la position future limite la distance parcourue quand un paquet est réacheminé vers la position exacte après le lancement d'une requête de localisation, au plus près de la destination.

En conséquence, la prédiction de mobilité n'a pas beaucoup d'incidence sur le coût de la localisation, mais elle permet d'améliorer les performances du routage (le TPD et la latence). Cela est dû au fait que les paquets sont transmis directement vers la nouvelle position estimée. Cette estimation est calculée en utilisant une simple méthode d'extrapolation, mais qui s'avère suffisante dans notre cas d'utilisation. Plusieurs autres modèles plus complexes de prédiction de mobilité (modèles stochastiques, modèles basés sur l'historique, etc.) seront pris en compte dans les futurs travaux.

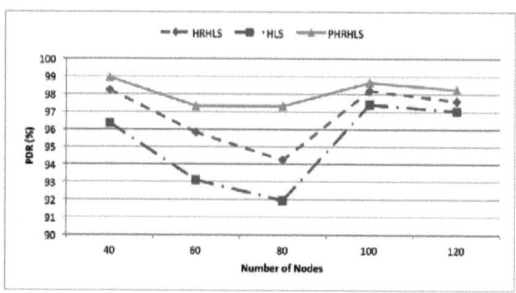

(a) Taux de Paquets Délivrés (TPD)

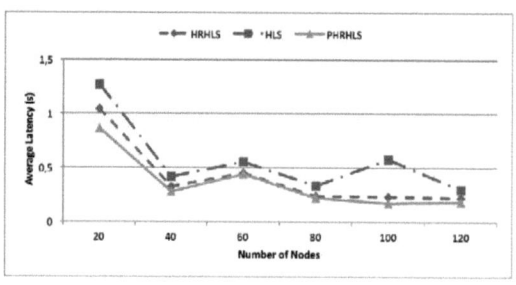

(b) Latence Moyenne

FIGURE 3.7 – Statistiques du routage pour l'approche hybride avec prédiction de mobilité

CHAPITRE 4
Conclusion et Travaux Futures

Contents
4.1	Conclusion des Travaux	**39**
4.2	Travaux Futures	**42**

Les communications au sein du véhicule ainsi que les communications inter véhiculaires sont des problématiques du transport moderne. En effet, il existe de plus en plus d'équipements embarqués dans les véhicules. Ces périphériques ont besoin de communiquer et d'échanger des données correspondant à l'état du véhicule, du chauffeur ou de la marchandise transportée. Ces périphériques ne sont pas toujours compatibles. Alors, organiser et formaliser cette communication devient une nécessité du fait de la divergence des périphériques embarqués.

De plus, les communications inter-véhiculaires sont en pleine émergence. Ceci est dû à l'intérêt croissant par la communauté scientifique, les gouvernements et les industriels pour ce type de réseaux durant ces dernières années. Cet intérêt revient principalement à la capacité de ces réseaux à remplacer des réseaux classiques avec des infrastructures en cas de catastrophe naturelle par exemple. Aussi, ces réseaux ont pour but de renforcer la sécurité routière et d'améliorer l'efficacité du trafic routier grâce à la mobilité coopérative. Cette mobilité constitue le plus grand challenge dans ces réseaux. En effet, les véhicules se déplacent à haute vitesse. Ce qui induit un changement continu de la topologie de ces réseaux et des liens de courte durée. Ces caractéristiques spécifiques doivent être prises en compte quand les données sont transmises entre les véhicules.

4.1 Conclusion des Travaux

Dans ces travaux, on s'est intéressé aux communications Intra-Véhicule et Inter-Véhicules. En ce qui concerne les communications Intra-Véhicule, nous avons identifié plusieurs équipements embarqués. Ces derniers ont été classés suivant leurs fonctions ainsi que le sens de transfert des données qui transitent via ces équipements. La communication entre les différents périphériques devient de plus en plus complexe. Ceci est dû à la multiplication des interfaces, des protocoles ainsi que des standards qui ne sont pas toujours compatibles. Afin de rendre des services de plus en plus personnalisés à l'utilisateur, ils ont ainsi besoin d'échanger des informations utiles. Cet échange doit être organisé et transparent à l'utilisateur qui pourrait profiter pleinement des services complets (gestion de flottes, suivi de marchandise, auto-diagnostique, etc.) grâce à l'interopérabilité de bout-en-bout. Nous avons aussi présenté les différentes interprétations relatives à l'interopérabilité. Ces interprétations se rejoignent dans la nécessité de garantir le moyen d'échanger des données et de les utiliser à des fins de traitements collaboratifs. Suivant le degré d'interaction souhaité, quatre niveaux de l'interopérabilité sont définis : le niveau *Machine* définit les interfaces, le niveau *Syntaxique* précise le format des données échangées, le niveau *Sémantique* indique que les différentes données doivent avoir la même signification partout et le niveau *Organisationnel* décrit les différents traitements qui peuvent être appliqués à une donnée.

De plus, nous avons présenté une architecture logicielle, notée **Connect to All (C2A)**, capable de satisfaire l'interopérabilité de bout-en-bout. Cette architecture est définie en étages. Nous avons proposé une modélisation de cette dernière sous forme plusieurs processus. Ces processus sont synchronisés à l'aide de signaux évènementiels. Le modèle proposé a été validé à l'aide de deux techniques de vérification. La première technique est une méthode de vérification formelle qui utilise l'outil UPPAAL. Cet outil est un environnement intégré pour la modélisation, la validation et la vérification des systèmes de communication temps-réel, modélisés sous forme de machine à états finis étendue. Plusieurs propriétés critiques ont pu ainsi être vérifiées et validées. La deuxième technique est basée sur Langage de Description et de Spécification (LDS). Ce langage a pour but de décrire le comportement des composants d'un système en transitions entre différentes états. Nous avons pu vérifié le fonctionnement du modèle. Plusieurs tests ont été réalisés avec succès.

Une implémentation d'une réelle application du modèle validé a été suggérée. Cette application a été réalisée sur une plateforme embarqué basée sur un *Linux* embarqué optimisé en empreinte mémoire. Cette application gère un nombre limité de périphériques embarqués (module Global Positioning System (GPS), module General Packet Radio Service (GPRS), Clé Universal Serial Bus (USB) et simulateur Controller Area Network (CAN) / Fleet Management System (FMS)). Elle a permis de prouver la faisabilité du concept d'interopérabilité. Ainsi, ces périphériques sont reconnus dès la connexion à chaud et le système s'adapte suite à ses nouveaux éléments. Le système peut-être aussi personnalisé à posteriori par l'utilisateur. Ce système est donc ouvert, performant et évolutif.

4.1. Conclusion des Travaux

Les communications Inter-Véhicules restent, malgré tous les verrous technologiques, très prometteuses. Le plus important de ces challenges reste la maîtrise de la haute mobilité imposée par les véhicules qui composent de tels réseaux. Les protocoles de routage doivent prendre en compte ces caractéristiques afin d'être performants. Les protocoles de routage géographiques sont ainsi mieux adaptés que ceux topologiques grâce à leur meilleure mise à l'échelle. En effet, les protocoles de routage topologiques souffrent d'une phase de découverte et de maintenance des chemins assez lourdes, alors que les protocoles de routage géographiques utilisent l'approche gloutonne pour transmettre les données graduellement de proche en proche jusqu'à atteindre la destination. Pour cela, ces protocoles nécessitent la position géographique de la destination. Cette dernière est obtenue grâce à des services distribués appelés services de localisation.

Dans ces travaux, nous avons présenté une taxinomie des protocoles de routage topologiques ainsi que géographiques qui sont utilisés dans les réseaux Inter-Véhiculaires. De plus, une classification des services de localisation est proposée. Nous avons détaillé aussi quelques exemples de routage utilisant la prédiction de mobilité dans les réseaux Inter-Véhiculaires.

En plus, Deux comparaisons des principaux services de localisation ont été étudiées dans ces travaux. La première est basée sur les propriétés d'extensibilité. La deuxième comparaison a recours à des expérimentations afin d'évaluer d'un côté le surcoût lié à la localisation et de l'autre côté les performances de la localisation. Le résultat de ces comparaisons prouve que le service Hierarchical Location Service (HLS) est plus rapide et plus robuste que les services Grid Location Service (GLS) et Reactive Location Service (RLS).

Dans la littérature, les protocoles de routage géographiques sont généralement étudiés séparément des services de localisation même s'ils sont liés en pratique. Alors, nous avons proposé de les mixer dans des approches hybrides. L'approche hybride simple consiste à fusionner les protocoles de routage géographiques et les services de localisation afin de prendre en compte les problématiques de routage et de localisation simultanément, et par la suite de trouver le meilleur compromis entre le coût de la localisation et les performances du routage. Ainsi, au lieu de lancer des requêtes loin de la destination et attendre que les réponses traversent tout le réseau, les paquets de données sont transmis directement vers la dernière position connue de la destination. Une fois que l'on s'approche de cette position, une requête est initiée au plus près de la destination. Quand la position exacte est reçue, le protocole de routage est notifié et le paquet peut être dérouter vers la nouvelle position. Par conséquent, on évite l'inondation du réseau avec des requêtes et des réponses de localisation et donc la congestion du réseau. Les paquets sont transmis au plus tôt ce qui réduit les latences de bout-en-bout. Cette approche simple a été appliquée à

GLS et Hierarchical Location Service (HLS) pour donner Hybrid Routing and Grid Location Service (Hybrid Routing and Grid Location Service (HRGLS)) et Hybrid Routing and Hierarchical Location Service (HRHLS). Ces services hybrides ont été comparés à ceux d'origine (GLS et HLS). La comparaison a démontré que l'approche hybride ne permettait pas que de réduire les coûts de la localisation, mais elle permettait aussi d'augmenter les performances de localisation et de routage.

Quant à l'approche hybride avec prédiction de mobilité, elle est basée sur l'approche hybride simple avec comme extension un algorithme d'estimation des positions futures d'un nœud grâce à des informations supplémentaires telles que la vitesse et la direction. Les effets de la mobilité peuvent ainsi être maîtrisés avec cette prédiction. En effet, le paquet de donnée est envoyé à la nouvelle position estimée et non plus à l'ancienne position. Ceci permet de réduire la distance sur laquelle le paquet est dérouté. Plusieurs simulations ont prouvé que l'approche hybride avec prédiction de mobilité n'affectait pas les coûts de la localisation, mais elle permettait d'augmenter le taux des paquets délivrés et de réduire les latences.

4.2 Travaux Futures

Suite aux travaux effectués, plusieurs pistes d'améliorations peuvent être envisagées. Premièrement, l'implémentation du système C2A doit-être améliorée. En effet, cette application doit prendre en charge encore plus de périphériques avec des fonctions diverses. Des travaux sont en cours afin d'élargir cette liste qui comporterait en plus un lecteur RFID, une Webcam, un accéléromètre, une interface Bluetooth, etc. Le noyau de l'application reste le même, mais il est enrichi avec d'autres fonctions. De plus, pour une meilleure facilité d'utilisation, nous avons prévu de rajouter la possibilité d'une configuration à distance via une tablette tactile munie d'une interface Bluetooth ou une interface Web accessible depuis l'extérieur. Ainsi, le système est plus évolué et plus simple à configurer.

Concernant les approches hybrides simples pour le routage et la localisation proposées (HRGLS et HRHLS), une première piste d'amélioration serait de renvoyer un acquittement vers la source une fois qu'un paquet de données est reçu. En effet, lorsqu'une destination reçoit un paquet elle enverrait un acquittement contenant une mis à jour de sa position directement à la source. Donc, si la source a utilisé une ancienne position, elle aura ensuite une position plus exacte pour le renvoi d'autres données vers la même destination. Pour moins de gaspillage, un seul acquittement sera envoyé lors d'une première réception. Puis, le renvoi d'un nouvel acquittement sera conditionné par la durée qui sépare la réception de deux paquets de données. Si cette durée est supérieure à l'Age Maximal des Informations de Localisation dans le Cache (AMILC), un renvoi sera effectué.

Actuellement, l'approche hybride avec prédiction de mobilité est en train d'être appliquée à GLS comme cela a été fait pour HLS dans le cadre de ce livre. Cette approche dénommée *Predictive Hybrid Routing and Grid Location Service (PHRGLS)*, sera comparée à HRGLS et GLS dans des expérimentations similaires à celles réalisées pour comparer Predictive Hybrid Routing and Hierarchical Location Service (PHRHLS), HRHLS et HLS.

L'estimation de la position utilisée dans l'approche hybride avec prédiction de mobilité est basée sur une extrapolation de la position actuelle en utilisant la vitesse et l'angle du mouvement du nœud. Plusieurs autres modèles de prédiction de mobilité peuvent être considérés. Parmi ces modèles on peut citer les modèles déterministes (premier ordre ou second ordre), les modèles stochastiques (basés sur la probabilité de validité d'une prédiction déterministe ou sur les filtres de Kalman ou sur les modèles Markoviens), les modèles basés sur l'historique ou les modèles basés sur des réseaux de neurones. Une étude comparative des différents modèles de prédiction sera réalisée. A la lumière du résultat de cette comparaison, un des modèles sera intégré à l'approche hybride simple afin de comparer les performances de la localisation et du routage.

En outre, une comparaison plus globale des différents services de localisation proposés combinés à d'autres protocoles de routage géographiques (Geographic Source Routing (GSR), improved Greedy Traffic Aware Routing (GyTAR), etc.) ainsi que des protocoles de routage topologiques (Dynamic Source Routing (DSR), Ad hoc On Demand Distance Vector (AODV), Temporally Ordered Routing Algorithm (TORA), etc.) est envisagée. Cette comparaison devrait mettre en relief les avantages et les inconvénients des services de localisation et des protocoles de routage dans des scénarios urbains et interurbains plus réalistes par rapport aux ressources nécessaires ainsi que les performances relatives à la localisation et au routage.

Finalement, des expérimentations réelles sont envisagées. En effet, un scénario, incluant trois véhicules équipés de modules de communication Institute of Electrical and Electronics Engineers (IEEE) 802.11p avec une borne de bord de route, sera utilisé lors dans ces expérimentations. Le protocole de routage Greedy Perimeter Stateless Routing (GPSR), les services de localisation HLS, GLS, HRGLS, HRHLS, PHRHLS et PHRGLS seront implémentés sur ces routeurs. Le but est d'évaluer les performances de ces différents services dans des situations réelles de circulation. Ensuite, on élargira le nombre de véhicules participant pour comparer la meilleure mise à l'échelle de ces différents services de localisation.

Annexe A
Présentation du Projet C2A

Contents

A.1 Projet CONNECT TO ALL (C2A) 45
A.2 Partenaires du projet 46
A.3 Contacts 47

A.1 Projet CONNECT TO ALL (C2A)

Le projet Connect to All (C2A) a pour vocation de concevoir, de développer et de mettre en oeuvre un système intelligent d'interconnexion entre les équipements embarqués hybrides pour le secteur du transport et de la logistique. Le projet doit permettre une exploitation optimisée et élargie des ressources informatiques embarquées ouvrant la voie à la composition de nouveaux services innovants pour la filière. Ce projet de coopération transfrontalière France Wallonie s'inscrit dans l'objectif opérationnel du programme européen interreg IV-A de coopération transfrontalière visant à stimuler et renforcer le potentiel de croissance économique et d'innovation transfrontalière. La fiche technique du projet C2A est présenté dans le tableau A.1.

Force est de constater que le secteur du transport et de la logistique, dans la région frontalière entre la Champagne-Ardenne et la Wallonie, est soumis à une concurrence internationale exacerbée, entraînant d'une part des investissements très importants et d'autre part des marges bénéficiaires très étroites.

Nom du Projet	Connect To All (C2A)
Site Web	http ://www.c2a-project.eu
Type de Projet	Interreg IV-A France-Wallonie-Vlaanderen
Budget	1,175 K€
Durée	de 01/09/2008 à 31/12/2012

TABLE A.1 – Fiche du projet C2A

En vue d'augmenter leur rentabilité, les entreprises du secteur ont de plus en plus recours aux nouvelles technologies de l'information et de la communication (TIC).

Ainsi, au sein de l'habitacle d'un véhicule moteur de transport routier, nous trouvons en plus des périphériques imposés par la loi comme le tachygraphe et le lecteur de cartes, des systèmes de télécommunication (GSM/GPRS) et de localisation (GPS), et une variété d'outils et d'équipements utilisés par les opérateurs qui interviennent sur ces véhicules (dataloggueurs, tablette électronique, caméra, téléphone portable, etc).

Ces outils et accessoires permettrent d'automatiser des processus, d'améliorer la sécurité et d'accélérer la circulation de l'information.

Cependant cette multiplicité est loin d'être exploitée de manière optimale : les équipements ne communiquent souvent qu'avec un alter ego via des interfaces matérielles et logicielles sélectives. Ceci se manifeste par une redondance de fonctionnalités, de services, et une sous-utilisation des ressources matérielles et logicielles déployées.

Pour répondre à cette problématique et aux besoins des entreprises qui en découlent en termes de rationalisation et d'optimisation des investissements et de l'exploitation des équipements, ce projet vise à développer une technologie d'interopérabilité générique (ń tunnel communicant et intelligent ż) autorisant la communication entre périphériques embarqués dans le véhicule, la factorisation et le partage de leurs ressources et services.

A.2 Partenaires du projet

Le projet C2A a été initié entre :
- Partenaires financés :
  - CReSTIC - Université de Reims Champagne-Ardenne - Reims
  - CETIC - Centre d'Excellence en Technologies de l'Information et de la Communication - Charleroi
  - Carinna - Agence de soutien à la recherche et l'innovation en Champagne-Ardenne - Reims
  - INFOPOLE - Cluster TIC - Namur
- Partenaires associés :
  - Monnier Borsu Sotradel - Charleville Mézières
  - Docledge - Isnes
  - Smolinfo - Purnode
  - Le Forem - Office Wallon de la Formation professionnelle et de l'Emploi Charleroi
  - Gunnebo - Bazancourt

- NeXXtep Technologies - Reims

A.3 Contacts

Pour plus de détails (générales ou techniques) concernant le projet, contactez :
- Lissan Afilal - Université de Reims Champagne-Ardenne / CReSTIC - Coordinateur du Projet
  - Mail : lissan.afilal@univ-reims.fr
  - Tél : +33-3-26-91-32-48
- Lotfi Guedria - CETIC
  - Mail : lotfi.guedria@cetic.be
  - Tél : +32-71-490-732
- Fréderic Jourdain / Michel Black - INFOPOLE Cluster TIC
  - Mail : infopole@infopole.be
  - Tél : +32-81-72-51-45
- Amina Belkhir - CARINNA
  - Mail : amina.belkhir@carinna.fr
  - Tél : +33-3-25-71-84-59

ANNEXE B

Description de la Procédure des Simulations NS-2

Contents

B.1	Environnement Matériel	49
	B.1.1 Environnement Matériel pour les Développements . . .	49
	B.1.2 Environnement Matériel pour l'Exécution	50
B.2	Environnement Logiciel	51
	B.2.1 Génération des Mouvements des Véhicules	51
	Production d'une Carte Réelle d'une Ville	52
	Création du Schéma de Mobilité	52
	B.2.2 Génération de Trafic Réseau	54
	Lancement de Requêtes de Localisation	54
	Envoi de Paquets CBR	55
	B.2.3 Exécution des Simulations NS-2	56
	B.2.4 Evaluations des Traces des Simulations	57
	B.2.5 Exécution des Simulations NS-2 sur le supercalculateur ROMEO	58

Cette annexe décrit les étapes nécéssaires pour réaliser des simulations avec le *Network Simulator 2 (NS-2)*.

B.1 Environnement Matériel

B.1.1 Environnement Matériel pour les Développements

Pour implémenter les approches hybrides, nous avons utilisé une distribution *Ubuntu*. Cette distribution s'exécute sur une machine virtuelle lancée sur une machine *Macintosh* décrite dans le tableau B.1.

50 Annexe B. Description de la Procédure des Simulations NS-2

B.1.2 Environnement Matériel pour l'Exécution

Le code développé a été exécuté sur le super-calculateur *ROMEO*. Le Centre de Calcul de Champagne-Ardenne *ROMEO* est une plateforme technologique de l'Université de Reims Champagne-Ardenne soutenue par la région Champagne-Ardenne depuis 2002. Les spécifications matérielles sont les suivantes :

- Un cluster de calcul Linux de 100 coeurs d'Itanium installé en 2006. Cette machine se compose de 8 noeuds disposant jusqu'à 32 coeurs et 128 Go de mémoire chacun.
- Un cluster de calcul Linux / Windows installé en 2010 par BULL en collaboration avec Microsoft. Cette machine se compose de 38 serveurs pour un total de 500 coeurs de calcul X86 :
  - 36 noeuds disposant de 12 coeurs et 24 Go de mémoire
  - un noeud de 32 coeurs et 64 Go de mémoire
  - un noeud permettant de faire des calculs CPU/GPU embarquant une carte FERMI de dernière génération
  - un noeud disposant d'une puissante carte graphique permettant la modélisation et la visualisation des résultats des simulations à distance
  - un espace de stockage sécurisé de 15 To
  - un gestionnaire de taches Linux/Windows
  - un système de climatisation économique en énergie permettant d'utiliser la fraicheur de l'air extérieur

Matériel	Description
Type de Machine	iMac
Processeur	3,06 GHz Intel Core i3
Carte Graphique	ATI Radeon HD 4670 256 MB
Système d'Exploitation	OS X Lion 10.7.4 (11E53)
Disque Dur	500 Go
Mémoire RAM	4 Go
Résolution Ecran	21,5 in (1920 x 1080)
Logiciel de Développements	Qt Creator 1.3.1 basé sur Qt 4.6.2

TABLE B.1 – Environnement Matériel pour le Développement

Plus précisément, nous avons exécuté le code NS-2 sur la machine *Clovis*. Les caractéristiques sont décrites dans le Tableau B.2. Cette machine est contrôlée via une connexion sécurisée *ssh*.

B.2. Environnement Logiciel   51

Matériel	Description
Nom de la Machine	Clovis
Addresse URL	clovis.univ-reims.fr
Date d'Installation	Août 2010
Puissance de Calcul	6 TFlops
Consommation d'Energie	27 KW
Noeuds de Calcul	1 noeuds 32 coeurs Nehalem / 64 Go DDR3 1 noeud 32 coeurs Nehalem / 64 Go DDR3 1 noeud 8 coeurs Westmere / 24 Go DDR3 2 GPU Fermi C2050 2 Fermi C2050 GPU
Réseau d'interconnexion	Infiniband network QDR of 40 Gb/s
Données	Une baie de disques propose 24 To de données brutes
Noeuds de Service	Noeud d'administration Noeud de login Linux Noeud de login Windows Noeud de gestion du stockage Noeud de visualisation

TABLE B.2 – Environnement Matériel pour l'Exécution

B.2 Environnement Logiciel

B.2.1 Génération des Mouvements des Véhicules

Le mouvement des véhicules a été généré en utilisant l'outil *Citymob for Roadmaps (C4R)*[1] [38] développé par le groupe Networking Research Group (GRC) de l'université Technical University of Valencia (UPV). C4R est un générateur de mobilité pour les Vehicular Ad-hoc NETworks (VANETs). Il permet de simuler un trafic dans différent emplacements en utilisant une carte réelle. Il utilise l'outil *Simulation of Urban MObility (SUMO)*[2] [39, 40] pour créer des traces de mobilité basé sur carte réelle extraite de la plateforme *OpenStreetMap*[3]. Cet outil permet de générer des routes aléatoires ou créer des routes définis par l'utilisateur. De plus, il est possible de rajouter des points d'attractions dans la ville par exemple. Ce logiciel crée des fichiers de trace de mouvement et permet de visualiser ces mouvements. On note aussi qu'il génère des traces compatibles avec NS-2 (i.e. les fichiers de mouvement

---
1. Disponible sur : http ://www.grc.upv.es/Software/c4r.html/
2. Disponible sur : http ://sumo.sourceforge.net/
3. Disponible sur : http ://openstreetmap.fr/

52 Annexe B. Description de la Procédure des Simulations NS-2

des véhicules pourra être exporter au format *TCL*).

Production d'une Carte Réelle d'une Ville

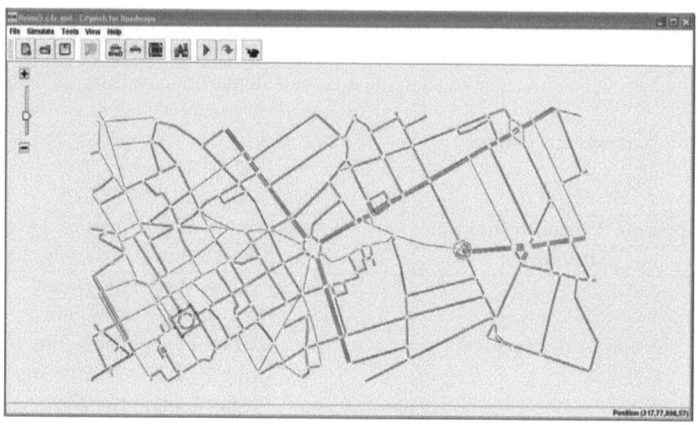

FIGURE B.1 – Aperçu de l'Outil Citymob for Roadmaps (C4R)

La carte extraite est présentée dans la Figure B.1. Nous avons suivi ces deux étapes pour extraire cette carte :
- Dans la première étape, nous avons besoin de spécifier à l'outil C4R le chemin d'installation de l'outil SUMO et l'API URL de *OpenStreetMap* (comme : "http ://api.openstreetmap.org/api/ 0.6/map ?bbox=").
- Dans la deuxième étape, nous séléctionnons la carte en utilisant l'API *OpenStreetMap*. La taille de la carte téléchargée ne devrait pas être plus grand que 2 km^2. La carte est ensuite convertie en un format compatible pour SUMO.

Création du Schéma de Mobilité

Sur la carte, nous avons ajouté 100 véhicules de façon aléatoire et nous avons défini la densité des véhicules situés dans le centre ville. Ensuite, la trace est générée au format NS-2 en définissant la durée des simulations. Plusieurs traces différentes peuvent être générées à la fois. Ces traces peuvent être visualisées sur la carte chargée dans SUMO comme la Figure B.2 le montre.

Un extrait d'un exemple de fichier de mobilité en TCL est décrit ci-dessous. Tout d'abord, la position initiale de chaque noeud est définie en utilisant la

B.2. Environnement Logiciel

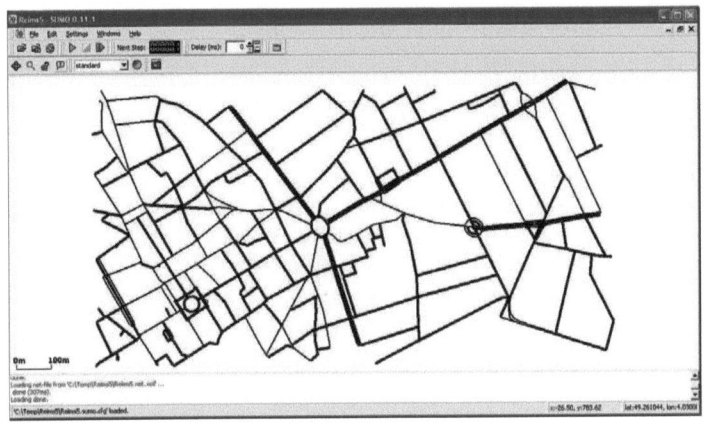

FIGURE B.2 – Aperçu de l'Outil Simulation of Urban MObility (SUMO)

fonction *set*. Elle sert à spécifier de façon aléatoire les trois coordonnées axiales. Puis, à chaque seconde la fonction *setdest* est appelée pour mettre à jour ces coordonnées. Le modèle de la fonction *setdest* est le suivant :
"$ns\_ at T "$node_(N) setdest X Y V"", où T est le temps en secondes, N est l'ID du nœud, X et Y sont ces coordonnées et V est la vélocité utilisée.

```
#
# This file was parsed with Citymob for Roadmaps (C4R) version 1.0
#
#Node 0 = random_undefined_0_0
$node_(0) set X_ 431.3
$node_(0) set Y_ 189.88
$node_(0) set Z_ 0.0
.
.
.
#Path $node_(0) = random_undefined_0_0
$ns_ at 0.0 "$node_(0) setdest 432.9296736 191.07355098206 2.019999999"
.
.
.
$ns_ at 79.0 "$node_(99) setdest 93.94257816 425.0953076 0.0"
```

B.2.2 Génération de Trafic Réseau

Le trafic réseau est généré en utilisant l'Exécutable "./trafgen[4]". Il permet de créer différents types de traces réseau. L'utilisation de cet exécutable est comme suit :

```
./trafgen -n <nodes> -a <active nodes>
          -t <simulation time> -c <connections>
          -m <mode: 0-query 1-cbr(old) 2-cbr(new)
             3-tcp(ftp) 4-ping 5-ping(memopt)>
          [-w <startup-wait time>]
          [-i <inverted timescale [1/0]>]
          [-r <send rate>] [-s <pkt size>]
          [-p <packets>] [-o <tcp window>]
```

Lancement de Requêtes de Localisation

Une requête de localisation est un noeud à la recherche de la localisation d'un autre noeud. Si le noeud dispose d'une nouvelle position, le cache de localisation est utilisé. Dans le cas contraire, une requête de localisation est envoyée pour connaître la nouvelle postion. Un exemple en utilisant l'exécutable "./trafgen" pour générer des requêtes de localisation peut être obtenu en exécutant cette commande :
"./trafgen $-n\,100\,-a\,100\,-t\,105\,-c\,4\,-m\,0\,-w\,15\,>$ QueriesTests.tcl".
Le fichier de sortie "QueriesTests.tcl" sera de cette forme :

```
#
# nodes: 100, max conn: 4, send rate: 0.100000, seed: 1, active nodes: 100
#

$ns_ at 15.157052578469 "[$node_(65) set ragent_] test-query 5"
$ns_ at 15.161809181396 "[$node_(51) set ragent_] test-query 86"
.
.
.
$ns_ at 97.842091824604 "[$node_(26) set ragent_] test-query 12"
$ns_ at 97.924068041390 "[$node_(33) set ragent_] test-query 80"
```

Dans cet exemple, chaque véhicule (parmi les 100 véhicules) lance des requêtes d'essai pour 4 autres noeuds. La fonction *test-query* fonctionne comme celle *setdest*. Cela signifie qu'elle est utilisée comme suit :

---
[4]. Disponible sur : http ://www.cn.uni-duesseldorf.de/alumni/kiess/software/hls-ns2-patch/scen_trafgen.tar.gz/

B.2. Environnement Logiciel 55

"$ns\_ at T$ "[$\$node\_(S)$ $set\ ragent\_$] $test-query\ D$"", où T est le temps en secondes, S est la source de la requête et D est le noeud de destination. Par exemple, la première commande signifie que le noeud 65 lance une requête de test à 15.157052578469 s pour récupérer la position du noeud 5.

Envoi de Paquets CBR

Le trafic *Constant Bit Rate (CBR)* peut être générée à l'aide de cette commande :

"$./trafgen\ -n\ 100\ -a\ 100\ -t\ 100\ -c\ 4\ -m\ 2\ -w\ 2\ -i\ 1\ -r\ 1\ -s\ 128\ -p\ 100\ >\ CBRTraffic.tcl$".

Le fichier de sortie "$CBRTraffic.tcl$" apparaît comme suit :

```
#
# nodes: 100, max conn: 4, send rate: 1.000000, seed: 1, active nodes: 100
#

#
# 99.986179128699  7 -> 37
#
set udp_(143) [new Agent/UDP]
$ns_ attach-agent $node_(7) $udp_(143)
set null_(143) [new Agent/Null]
$ns_ attach-agent $node_(37) $null_(143)
set cbr_(143) [new Application/Traffic/CBR]
$cbr_(143) set packetSize_ 128
$cbr_(143) set interval_ 1.000000
$cbr_(143) set random_ 0
$cbr_(143) set maxpkts_ 100
$cbr_(143) attach-agent $udp_(143)
$ns_ connect $udp_(143) $null_(143)
$ns_ at 99.9861791286985806 "$cbr_(143) start"
```

Dans cet exemple, le noeud 7 lance un agent UDP numéro 143 responsable de l'envoi des paquets CBR au noeud 37 à 99,986179128699 s. Les paquets de taille 128 Octets sont envoyés chaque seconde 100 fois. Ce trafic a pour but de simuler le streaming audio ou vidéo d'une connexion Internet via une infrastructure.

B.2.3 Exécution des Simulations NS-2

L'exécution de la simulation NS-2 se fait en utilisant le script *run.tcl*[5] fourni avec le patch HLS. Ce script peut être utilisé avec ces options :

```
Usage: ns run.tcl -out tracefile

    NS Options:
      -nn            [number of nodes]
      -stop          [simulation duration in secs]
      -x / -y        [dimension in meters]
      -adhocRouting  [routing protocol to use]
      -use_gk        [radius for gridkeeper usage]
      -zip           [(0/1) should tracefiles be zipped on-the-fly]
      -cc            [alpha for congestion control ((MAC802_11 only)]
      -ifqlen        [max packets in interface queue]

    File Options:
      -cp            [traffic pattern]
      -sc            [scenario file]
      -nam           [nam tracefile]
      -on_off        [wake/sleep pattern]
      -lt            [load trace file (MAC802_11 only)]
      -pingLog       [log file for ping statistics (Ping Traffic only)]

    MAC Options:
      -rr            [radio range in meters]
      -bw            [link/dataRate bandwidth in bits/sec]
      -bs            [basicRate bandwidth in bits/sec]

    GPSR Options:
      -bint          [beacon interval (and beacon expiry)]
      -use_planar    [(0/1) planarize graph]
      -use_peri      [(0/1) use perimeter mode]
      -use_mac       [(0/1) use mac callback]
      -verbose       [(0/1) be verbose]
      -use_beacon    [(0/1) use beacons at all (disable beacons with 0)]
      -use_reactive  [(0/1) use reactive beaconing]
      -locs          [locservice to use (0-Omni/1-RLS/2-GLS/3-HLS)]
```

---

5. Disponible sur : http ://www.cn.uni-duesseldorf.de/alumni/kiess/software/hls-ns2-patch/

B.2. Environnement Logiciel

```
-use_loop    [(0/1) use loop detection]

-ed          [topology file (edges)]
-ve          [topology file (verteces)]
```

Un exemple de cette commande pourrait être :

```
ns run.tcl -out hls_trace.tr -nam hls_namtrace.nam
-sc Movement.tcl -cp CBRTraffic.tcl -nn 100 -locs 3
-use_peri 1 -x 2000 -y 2000 -mac_emu 0 -stop 300 -zip 0
```

B.2.4 Evaluations des Traces des Simulations

Il existe deux fichiers générés par les simulations NS-2 : les fichiers traces "*hls_trace.tr*" et "*hls_namtrace.nam*". La trace *nam* est utilisé avec l'outil *Network ANimator (NAM)* (Figure B.3) fourni avec NS-2 pour visualiser la simulation. L'exécution de cet outil est lancé par :

```
nam hls_namtrace.nam &
```

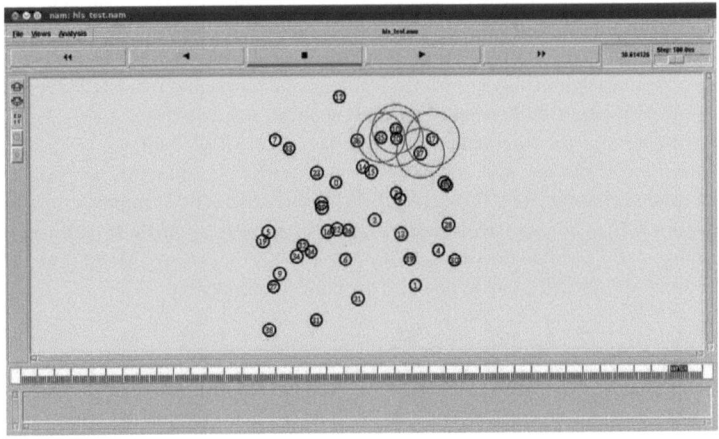

FIGURE B.3 – Aperçu de l'Outil Network ANimator (NAM)

Le script *evaluate.pl*[6], fourni avec le patch HLS, extrait du fichier de sortie "*hls_trace.tr*" de nombreuses statistiques de localisation. Il peut être utilisé

---

6. Disponible sur : http ://www.cn.uni-duesseldorf.de/alumni/kiess/software/hls-ns2-patch/

58 Annexe B. Description de la Procédure des Simulations NS-2

comme suit :

./evaluate.pl -f hls_trace.tr > hls_results.txt

Le script calcule le nombre des requêtes de localisation envoyées, des recherches dans le cache, des réponses reçues, des requêtes perdues, des réponses perdues, des handovers, etc. Il donne aussi beaucoup de statiques sur la livraison des paquets tels que le nombre de paquets transmis, envoyés, reçus ou perdus. En outre, il estime les bandes passantes consommées par les couches routage et MAC.

Le script a été étendu afin d'évaluer plus de paramètres de performances du routage tels que le Taux de Paquets Délivrés (TPD), la latence moyenne de bout-en-bout et le nombre moyen de sauts pour les paquets CBR.

La ligne ci-dessous est extraite du fichier de sortie NS-2 "*hls_trace.tr*". La première lettre de la ligne spécifie le type de paquet (s : pour envoyé, r : pour reçu, f : pour transmis, et D : pour perdu). Ainsi, le paquet dans cet exemple est un paquet envoyé. Le second champ correspond à la date de l'événement. Le troisième est le noeud où l'événement s'est produit. Ensuite, le quatrième champ décrit la couche (ici dans cet exemple : AGT donc la couche application). Le cinquième est un drapeau pour définir la raison de la perte (ici le paquet est non perdu). L'ID du paquet suit et il est de 540 ici. Le protocole de communcation utilisé est celui CBR. La taille du paquet est de 128 Octets. Ensuite, les quatre chiffres entre crochets sont reliés aux adresses Media Access Control (MAC) (la durée du paquet dans la couche MAC, l'adresse MAC de la destination, l'adresse MAC de la source et le type MAC du corps du paquet). Les autres champs sont l'adresse IP du noeud source et le numéro du port source (1 :0), l'adresse IP du noeud de destination (-1 pour le broadcast) et le numéro du port de destination (45 :0), le TTL de l'en-tête IP (32) et l'IP du prochain saut (0 pour le noeud 0 ou pour le broadcast).

s 5.000341235 _1_ AGT --- 540 cbr 128 [0 0 0 0] ------- [1:0 45:0 32 0]

Par conséquent, cette structure de la ligne est utilisée pour calculer le nombre de paquets envoyés et reçus, et donc le TPD. En outre, la latence de bout-en-bout moyenne et le nombre moyen de sauts sont calculés de la même manière.

B.2.5 Exécution des Simulations NS-2 sur le supercalculateur ROMEO

Lors de l'exécution du code NS-2 sur la Machine *Clovis*, la première action à faire est de se connecter à cette machine distante via une connexion *ssh*.

B.2. Environnement Logiciel 59

Ensuite, le code développé est copié sur la Machine *Clovis*. Nous devons aussi préciser les variables NS-2 et mettre en forme la tâche à exécuter par exemple "*Exec.sh*" ici. Nous sommes maintenant en mesure de soumettre le travail formaté avec la commande *qsub*.

```
ssh ayaida@clovis.univ-reims.fr
scp -r /Source/ ayaida@clovis.univ-reims.fr:/home/ayaida/...
source /apps/ns2/ns2.33_vars.sh
qsub Exec.sh
```

Un exemple de travail formaté "*Exec.sh*" est décrit dans l'algorithme 1. Cet algorithme est exécuté une fois sur la Machine *Clovis*. Il nous a permis d'augmenter le nombre de noeuds jusqu'à 400 noeuds. En outre, nous avons pu répéter les simulations 10 fois et les résultats sont calculés comme la moyenne de toutes ces simulations afin d'avoir des résultats plus précis. En outre, la commande *qstat* est utilisée pour suivre le travail soumis et en progrès sur la Machine *Clovis*.

Algorithm 1 Exemple d'un travail formaté "Exec.sh"
1: #!/bin/bash
2: Définition des ressources nécessaires
3: Envoi d'un mail quand le travail terminé
4: echo "Début des Simulations"
5: Configuration des variables
6: **for** i < 10 **do** ## Nombre de simulations
7:    **for** j in 20 40 50 60 80 100 120 150 **do** ## Nombre de noeuds
8:       echo "Début de Simulation HLS $i avec $j noeuds"
9:       Exécution ./trafgen pour générer un nouveau schéma de mobilité
10:       Exécution de ns avec HLS + GPSR
11:       Evaluation des traces HLS
12:       echo "Début de Simulation HRHLS $i avec $j noeuds"
13:       Exécution de ns avec HRHLS + GPSR
14:       Evaluation des traces HRHLS
15:       echo "Début de Simulation PHRHLS $i avec $j noeuds"
16:       Exécution de ns avec PHRHLS + GPSR
17:       Evaluation des traces PHRHLS
18:       Suppression du schéma de mobilité
19:    **end for**
20:    Suppression de toutes les traces
21:    i++
22: **end for**
23: echo "Fin des Simulations"

Index

Interopérabilité, 7, 9–11
    Niveaux Interopérabilité, 10
        Niveau Machine, 10
        Niveau Organisationnel, 11
        Niveau Sémantique, 10
        Niveau Syntaxique, 10

VANETs
    Geographic Routing Protocols
        GPSR, 26, 27, 30, 32, 35, 43
    Location-based Services
        GLS, 27–32, 34, 35, 41–43
        HLS, 4, 27–32, 34, 35, 37, 42, 43
        HRHLS, iii, 5, 27, 28, 32–35, 37, 42, 43
        PHRGLS, 43
        PHRHLS, iii, 5, 29, 36, 37, 43
        RLS, 26, 30, 41

Liste des Publications

M. Ayaida, M. Barhoumi, H. Fouchal, L. Afilal and Y. Ghamri-Doudane. HHLS : A Hybrid Routing Technique for VANETs. In : *the IEEE Globecom 2012 - Ad Hoc and Sensor Networking Symposium (GC12 AHSN)*, December 2012, Anaheim, CA, USA.

M. Ayaida, H. Fouchal, L. Afilal and Y. Ghamri-Doudane. A Comparison of Reactive, Grid and Hierarchical Location-based Services for VANETs. In : *the IEEE 76th Vehicular Technology Conference (VTC2012-Fall)*, 3-6 September 2012, Quebec City, Canada.

M. Ayaida, M. Barhoumi, H. Fouchal, L. Afilal and Y. Ghamri-Doudane. Impact of Location Data Freshness on Routing in VANETs. In : *the IEEE third International Conference on Wireless Communications in Unusual and Confined Areas (ICWCUCA)*, 28-30 August, 2012, Clermontferrand, France.

M. Ayaida, H. El Mehraz, L. Afilal, and H. Fouchal. Communication Interoperability Model for Embedded Devices. In : *IEEE GLOBECOM 2011 - Ad-hoc and Sensor Networking Symposium (GC'11 - AHSN)*, December 5-9 2011, Houston, Texas, USA.

M. Ayaida, L. Afilal, H. Fouchal, and H. El Mehraz. Improving the Link Lifetime in VANETs. In : *11th IEEE International Workshop on Wireless Local Networks (WLN 2011) in The 37th IEEE Conference on Local Computer Networks (LCN)*, October 4-7, 2011, Hilton Hotel, Bonn, Germany, page 917-924.

M. Ayaida, H. El Mehraz, H. Fouchal, and L. Afilal. Modeling Interoperability Channel using UPPAAL. In *11th International Conference on Innovative Internet Community Systems*, Berlin, Germany, June, 15-17, 2011.

M. Ayaida, H. El Mehraz, L. Afilal, and H. Fouchal. Interoperability Modeling Methods for Embedded Devices in Vehicles. In : *IEEE Logistics (LOGISTIQUA), 2011 4th International Conference on logistics*, Hammamet, Tunisia, pp.445-451, May 31 2011-June 3 2011.

M. Ayaida, H. El Mehraz, L. Afilal, and H. Fouchal. Interoperability Model for Embedded Devices on Vehicles. In *11th international Conference on Sciences and Techniques of Automatic control and computer engineering*, Monastir, Tunisia, December, 19-21, 2010.

M. Ayaida, L. Afilal, and H. Fouchal. Developpement d un dispositif de communication et d interconnexion d elements hybrides embarques sur un vehicule, pour la securisation du transport. In *ResCom 2010*, June 2010.

Bibliographie

[1] R. Bishop, "Survey of intelligent vehicle applications worldwide," in *Proc. IEEE Intelligent Vehicles Symposium*. Dearborn, MI, USA, 2000. (Cited on page 3.)

[2] A. Girard, S. J., and K. Hedrick, "An overview of emerging results in networked multi-vehicle systems," Orlando, US, 2001 2001. (Cited on page 3.)

[3] S. Tsugawa, "Inter-vehicle communications and their applications to intelligent vehicles : An overview," in *Proceedings of IEEE Intelligent Vehicle Symposium*, vol. 2, 2002, pp. 564–69. (Cited on page 3.)

[4] J. Luo and J.-P. Hubaux, "A survey of research in inter-vehicle communications," *Embedded Security in Cars*, pp. 111–122, 2006. [Online]. Available : http://dx.doi.org/10.1007/3-540-28428-1_7 (Cited on page 3.)

[5] J. Chennikara-Varghese, W. Chen, O. Altintas, and S. Cai, "Survey of Routing Protocols for Inter-Vehicle Communications," in *Mobile and Ubiquitous Systems - Workshops, 2006. 3rd Annual International Conference on*, 2006, pp. 1–5. [Online]. Available : http://dx.doi.org/10.1109/MOBIQW.2006.361764 (Cited on page 3.)

[6] F. Li and Y. Wang, "Routing in vehicular ad hoc networks : A survey," *IEEE Vehicular Technology Magazine*, vol. 2, no. 2, pp. 12–22, 2007. [Online]. Available : http://dx.doi.org/10.1109/MVT.2007.912927 (Cited on page 3.)

[7] M. Sichitiu and M. Kihl, "Inter-vehicle communication systems : a survey," *IEEE Communications Surveys & Tutorials*, vol. 10, no. 2, pp. 88–105, Jul. 2008. [Online]. Available : http://dx.doi.org/10.1109/COMST.2008.4564481 (Cited on page 3.)

[8] Y. Toor, P. Muhlethaler, and A. Laouiti, "Vehicle Ad Hoc networks : applications and related technical issues," *Communications Surveys & Tutorials, IEEE*, vol. 10, no. 3, pp. 74–88, 2008. [Online]. Available : http://dx.doi.org/10.1109/COMST.2008.4625806 (Cited on page 3.)

[9] H. Hartenstein and K. P. Laberteaux, "A tutorial survey on vehicular ad hoc networks," *Communications Magazine, IEEE*, vol. 46, no. 6, Jun. 2008. [Online]. Available : http://dx.doi.org/10.1109/MCOM.2008.4539481 (Cited on page 3.)

[10] T. L. Willke, P. Tientrakool, and N. F. Maxemchuk, "A survey of inter-vehicle communication protocols and their applications,"

Communications Surveys & Tutorials, vol. 11, no. 2, pp. 3–20, Jun. 2009. [Online]. Available : http://dx.doi.org/10.1109/SURV.2009.090202 (Cited on page 3.)

[11] P. Papadimitratos, A. La Fortelle, K. Evenssen, R. Brignolo, and S. Cosenza, "Vehicular communication systems : Enabling technologies, applications, and future outlook on intelligent transportation," *Communications Magazine, IEEE*, vol. 47, no. 11, pp. 84–95, Nov. 2009. [Online]. Available : http://dx.doi.org/10.1109/MCOM.2009.5307471 (Cited on page 3.)

[12] G. Karagiannis, O. Altintas, E. Ekici, G. Heijenk, B. Jarupan, K. Lin, and T. Weil, "Vehicular networking : A survey and tutorial on requirements, architectures, challenges, standards and solutions," *Communications Surveys Tutorials, IEEE*, vol. 13, no. 4, pp. 584 –616, quarter 2011. (Cited on pages 3 and 24.)

[13] G. A. Lewis, E. Morris, S. Simanta, and L. Wrage, "Why standards are not enough to guarantee end-to-end interoperability," in *ICCBSS '08 : Proceedings of the Seventh International Conference on Composition-Based Software Systems (ICCBSS 2008)*. Washington, DC, USA : IEEE Computer Society, 2008, pp. 164–173. (Cited on pages 7 and 12.)

[14] L. Afilal, P. Lacroix, N. Manamani, S. Moughamir, and J. Zaytoon, "Dispositf d'interoperabilite et de communication entre plusieurs appareils et procede de fonctionnement de ce dispositif," French Patent Nationally : FR0 806 113, Internationally : PCT-FR-2009 001 259, Novembre 6, 2008. (Cited on page 8.)

[15] *IEEE Standards Information Network. IEEE 100*, The Authoritative Dictionary of IEEE Standards Terms Std. Seventh Edition, 2000. (Cited on page 9.)

[16] M. Ayaida, L. Afilal, and H. Fouchal, "Développement d'un dispositif de communication et d'interconnexion d'éléments hybrides embarqués sur un véhicule, pour la sécurisation du transport," in *ResCom 2010*, Giens, France, Jun. 2010. (Cited on page 10.)

[17] P. Young, N. Chaki, V. Berzins, and Luqi, "Evaluation of middleware architectures in achieving system interoperability," *Rapid System Prototyping, IEEE International Workshop on*, vol. 0, p. 108, 2003. (Cited on page 12.)

[18] T. Perumal, A. R. Ramli, C. Y. Leong, S. Mansor, and K. Samsudin, "Interoperability among heterogeneous systems in smart home environment," *Signal-Image Technologies and Internet-Based System, International IEEE Conference on*, vol. 0, pp. 177–186, 2008. (Cited on page 12.)

Bibliographie

[19] E. Morris, *System of Systems Interoperability (SOSI) : Final Report*, ser. Technical report. Carnegie Mellon University, Software Engineering Institute, 2004. [Online]. Available : http://books.google.fr/books?id= LcLvtgAACAAJ (Cited on page 12.)

[20] G. Behrmann, R. David, and K. G. Larsen, "A tutorial on uppaal," in *International School on Formal Methods for the Design of Computer, Communication, and Software Systems, SFM-RT 2004. Revised Lectures*, ser. Lecture Notes in Computer Science, M. Bernardo and F. Corradini, Eds., vol. 3185. Springer Verlag, 2004, pp. 200–237, freely available at http ://www.uppaal.com/. (Cited on page 14.)

[21] M. Ayaida, H. E. Mehraz, L. Afilal, and H. Fouchal, "Modeling interoperability channel using uppaal," in *11th International Conference on Innovative Internet Community Services (IICS'11)*, Berlin, Germany, Jun. 2011, pp. 182–192. (Cited on page 14.)

[22] ITU-T, *ITU-T Rec. Z.100 – Formal description techniques (FDT) – Specification and Description Language (SDL)*, 2002. [Online]. Available : www.sdl-forum.org (Cited on page 16.)

[23] M. Ayaida, H. El Mehraz, L. Afilal, and H. Fouchal, "Interoperability modeling methods for embedded devices in vehicles," in *4th International Conference on Logistics (LOGISTIQUA'11)*, Hammamet, Tunisia, Jun. 2011, pp. 445 –451. (Cited on page 18.)

[24] K. Katsaros, R. Kernchen, M. Dianati, and D. Rieck, "Performance study of a green light optimized speed advisory (glosa) application using an integrated cooperative its simulation platform," in *IWCMC'11*, 2011, pp. 918–923. (Cited on page 24.)

[25] I. Jawhar, N. Mohamed, and L. Zhang, "Inter-vehicular communication systems, protocols and middleware," in *Networking, Architecture and Storage (NAS), 2010 IEEE Fifth International Conference on*, july 2010, pp. 282 –287. (Cited on page 24.)

[26] "Ieee standard for information technology– local and metropolitan area networks– specific requirements– part 11 : Wireless lan medium access control (mac) and physical layer (phy) specifications amendment 6 : Wireless access in vehicular environments," *IEEE Std 802.11p-2010 (Amendment to IEEE Std 802.11-2007 as amended by IEEE Std 802.11k-2008, IEEE Std 802.11r-2008, IEEE Std 802.11y-2008, IEEE Std 802.11n-2009, and IEEE Std 802.11w-2009)*, pp. 1 –51, 15 2010. (Cited on page 24.)

[27] A. M. Vegni and T. D. Little, "Hybrid vehicular communications based on v2v-v2i protocol switching," *International Journal of Vehicle*

Information and Communication Systems, vol. 2, no. 3-4/2011, pp. 213–231, Dec. 2011. [Online]. Available : http://inderscience.metapress.com/content/q015477276702553/ (Cited on page 24.)

[28] D. B. Johnson and D. A. Maltz, "Dynamic source routing in ad hoc wireless networks," in *Mobile Computing*. Kluwer Academic Publishers, 1996, pp. 153–181. (Cited on page 25.)

[29] B. Karp and H. T. Kung, "Gpsr : greedy perimeter stateless routing for wireless networks," in *Proceedings of the 6th annual international conference on Mobile computing and networking (MobiCom'00)*, New York, NY, USA, 2000, pp. 243–254. (Cited on pages 26 and 30.)

[30] C. Lochert, H. Hartenstein, J. Tian, H. Fuessler, D. Hermann, and M. Mauve, "A routing strategy for vehicular ad hoc networks in city environments," in *In Proceedings of the IEEE Intelligent Vehicles Symposium*, 2003, pp. 156–161. (Cited on page 26.)

[31] B.-C. Seet, G. Liu, B.-S. Lee, C.-H. Foh, K.-J. Wong, and K.-K. Lee, *A-STAR : A Mobile Ad Hoc Routing Strategy for Metropolis Vehicular ommunications*, 2004. [Online]. Available : http://dx.doi.org/10.1007/b97826 (Cited on page 26.)

[32] M. Jerbi, S.-M. Senouci, R. Meraihi, and Y. Ghamri-Doudane, "An improved vehicular ad hoc routing protocol for city environments," in *Communications, 2007. ICC '07. IEEE International Conference on*, june 2007, pp. 3972 –3979. (Cited on page 26.)

[33] P.-C. Cheng, J.-T. Weng, L.-C. Tung, K. C. Lee, M. Gerla, and J. Hârri, "Geodtn+nav : A hybrid geographic and dtn routing with navigation assistance in urban vehicular networks," 5 2010. (Cited on page 26.)

[34] M. Kasemann, H. Hartenstein, and M. Mauve, "A reactive location service for mobile ad hoc networks," *Department of Computer Science University of Mannheim Tech Rep TR02014*, pp. 121–133, 2002. (Cited on page 26.)

[35] J. Li, J. Jannotti, D. S. J. De Couto, D. R. Karger, and R. Morris, "A scalable location service for geographic ad hoc routing," in *Proceedings of the 6th annual international conference on Mobile computing and networking (MobiCom'00)*, New York, NY, USA, 2000, pp. 120–130. (Cited on page 27.)

[36] W. Kiess, H. Fussler, J. Widmer, and M. Mauve, "Hierarchical location service for mobile ad-hoc networks," *SIGMOBILE Mob. Comput. Commun. Rev.*, vol. 8, pp. 47–58, October 2004. (Cited on page 27.)

[37] Y. Yu, G.-H. Lu, and Z.-L. Zhang, "Enhancing location service scalability with high-grade," in *IEEE International Conference on Mobile Ad-hoc*

and Sensor Systems (MASS'04), oct. 2004, pp. 164 – 173. (Cited on page 29.)

[38] F. J. Martinez, J. C. Cano, C. T. Calafate, and P. Manzoni, "CityMob : A Mobility Model Pattern Generator for VANETs," in *Communications Workshops, 2008. ICC Workshops '08. IEEE International Conference on*, 2008, pp. 370–374. [Online]. Available : http://dx.doi.org/10.1109/ICCW.2008.76 (Cited on page 51.)

[39] M. Behrisch, L. Bieker, J. Erdmann, and D. Krajzewicz, "Sumo - simulation of urban mobility : An overview," in *SIMUL 2011, The Third International Conference on Advances in System Simulation*, Barcelona, Spain, October 2011, pp. 63–68. (Cited on page 51.)

[40] S. Joerer, C. Sommer, and F. Dressler, "Towards Reproducibility and Comparability of IVC Simulation Studies - A Literature Survey," *IEEE Communications Magazine*, 2012, to appear. (Cited on page 51.)

Oui, je veux morebooks!

i want morebooks!

Buy your books fast and straightforward online - at one of world's fastest growing online book stores! Environmentally sound due to Print-on-Demand technologies.

Buy your books online at
www.get-morebooks.com

Achetez vos livres en ligne, vite et bien, sur l'une des librairies en ligne les plus performantes au monde!
En protégeant nos ressources et notre environnement grâce à l'impression à la demande.

La librairie en ligne pour acheter plus vite
www.morebooks.fr

VDM Verlagsservicegesellschaft mbH
Heinrich-Böcking-Str. 6-8
D - 66121 Saarbrücken

Telefon: +49 681 3720 174
Telefax: +49 681 3720 1749

info@vdm-vsg.de
www.vdm-vsg.de

Printed by Books on Demand GmbH, Norderstedt / Germany